主　编◎田　昊

# 智能机电装备逻辑控制技术

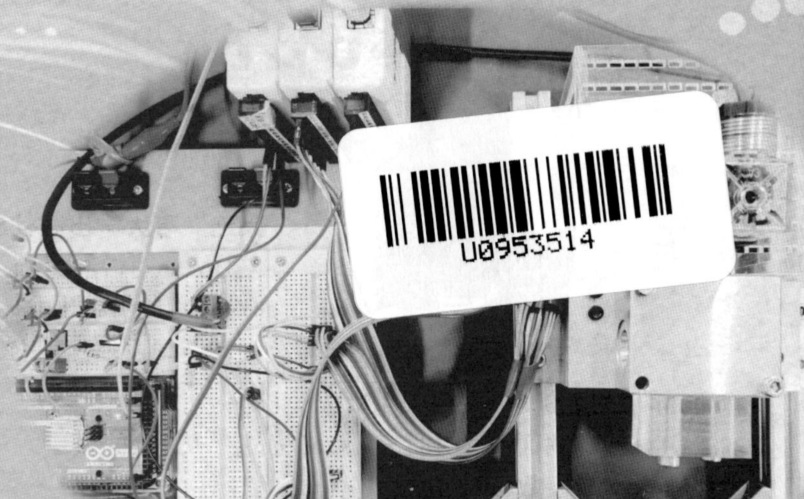



大连海事大学出版社
DALIAN MARITIME UNIVERSITY PRESS

**图书在版编目(CIP)数据**

智能机电装备逻辑控制技术 / 田昊主编. — 大连 : 大连海事大学出版社, 2025. 7. — ISBN 978-7-5632-4659-5

Ⅰ. TH122

中国国家版本馆 CIP 数据核字第 2025BF7173 号

**大连海事大学出版社出版**

地址:大连市黄浦路523号　邮编:116026　电话:0411-84729665(营销部)　84729480(总编室)

http://press.dlmu.edu.cn　E-mail:dmupress@dlmu.edu.cn

大连天骄彩色印刷有限公司印装　　大连海事大学出版社发行

2025 年 7 月第 1 版　　2025 年 7 月第 1 次印刷

幅面尺寸:184 mm×260 mm　　印张:8.75

字数:224 千　　印数:1~500 册

出版人:余锡荣

责任编辑:刘若实　　责任校对:孙笑鸣

封面设计:张爱妮　　版式设计:张爱妮

ISBN 978-7-5632-4659-5　　定价:23.00 元

# 前言

为了适应新时期、新形势下的智能机电装备人才培养需求，紧紧围绕立德树人根本任务，亟需打通机电系统与控制的专业基础课与应用实践通道，为学生梳理立全面的专业知识体系，建立一体化的应用场景，促进服务学校本科教育教学改革，充分发挥教材作为传播知识核心载体、人才培养关键要素的重要作用。

机电系统的有效构建是解决各类复杂工程问题的前提。教材结合编者从事国家机电类科研项目开发的一线经验，从培养综合素质与应用能力出发，涉及物理学、电工电子学、控制理论等多方面知识，带领机械类高年级本科生探索机电系统关键元件、逻辑控制技术与机电工程分析等关键知识。本教材包括八章内容：第 1 章机电控制基础与顺序控制概述；第 2 章机电系统控制元件；第 3 章机电系统的传感器；第 4 章机电系统的执行器；第 5 章机电系统控制设计；第 6 章布尔代数逻辑设计；第 7 章 PLC 指令系统与数据结构；第 8 章顺序控制程序设计方法。通过上述章节内容，探索机电系统设计的基础知识与基本技能，使学生掌握基本的传感器、执行器与控制电路，灵活地根据任务目标设计机电系统解决方案，将布尔代数与逻辑电路设计等理论融入推理与设计的决策过程中，成为未来开展科学研究与工程实践的预演。

本书由大连海事大学田昊主编，度红望教授主审。编者以项目思维为引导，整合机电专业相关知识，最终帮助学生形成系统设计思路。在编写过程中，编者参考了国内外相关著作与文献，同时，大连海事大学王海涛教授、侯远杭教授向编写组提出了大量宝贵意见，在此编者向各位专家表示衷心感谢。

需要说明的是，本书为新形态教材，读者可登录云书 · 云教材平台 https://yunshu.zgxzsj.com 或下载云教材 APP 免费浏览配套的数字教材内容，获得更好的交互学习体验。首次登录该网站或云教材 APP 并注册成功后，在首页搜索框内搜索本书，搜到书后点击打开页面，选择“使用下载码”选项，刮开本书封底的下载码涂膜（本书为一书一码，每本图书只对应一个下载码），输入 8 位下载码就可以使用本书配套的数字教材。

由于编者水平与经验有限，书中疏漏之处在所难免，恳请读者批评指正。

编　者

2024 年 11 月

# 目　录

# 第1章 机电控制基础与顺序控制概述

## 1.1 机电系统与控制基础

### 1.1.1 机电系统定义

机电系统是为实现一定目的,由控制器、传感器、执行器以及动力源组成的综合系统。从英文构词法上讲,机电(Mechatronics = Mechanism+Electronics),即可以简单地认为是机构与电子的结合。这一概念最早出现于20世纪60年代,随着机械、电子与计算机控制技术的发展而兴起并广泛使用。目前,机电系统已经是工业生产、科学研究与日常生活中必不可少的使能装置,促动社会经济发展。图1-1为我国某型挖掘机主阀级电磁铁测试系统,为了研发更加节能高效的工程作业装置,需要对挖掘机电液伺服系统比例换向阀进行优化设计。其中,核心元件电磁铁的测试平台就是一个机电系统。其利用电磁开关阀控制气缸加载,并采用位移与拉压力传感器对实现对象进行测量,实现对于主阀级工况的半实物模拟,提升了设计研发效率。

### 1.1.2 顺序控制概念

顺序控制系统是工业生产领域中广泛应用的一种控制系统,即根据工艺要求,逐步进行各个工步。顺序控制的一个显著特点是:在一个顺序控制系统中,下一步执行什么动作是预先确定好的,即前一步动作与下一步动作需满足一定的逻辑关系,当逻辑条件满足时选择合适的动作执行。常见的顺序系统由开关、继电器接触器、特殊继电器、传感器与执行元件等共同组成自动控制功能回路,具体包括:

(1)基本开关:按钮开关、万能转换开关、拨动开关与急停按钮等。

(2)基本传感器:限位开关、压力传感器、热电偶、感光耦合组件(CCD)、接近传感器、光栅尺、线性可变差动变压器(LVDT)等。

(3)基本执行器:电动机、直线电机、液压马达、气马达、液压缸与气缸等。

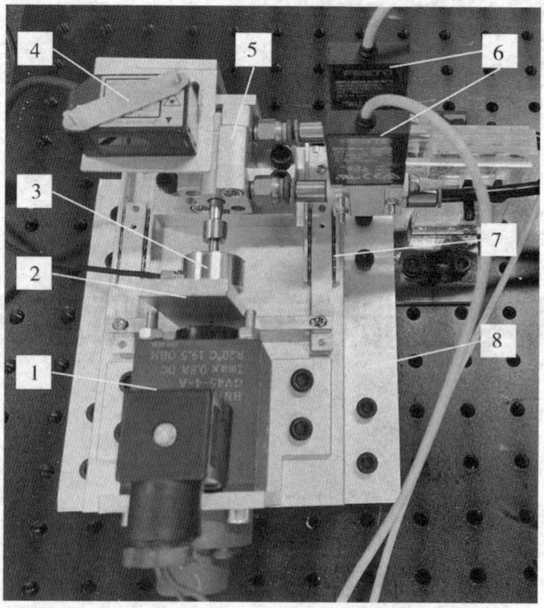


图 1-1　我国某型挖掘机主阀级电磁铁测试系统

1—比例电磁铁；2—反射面板；3—拉压力传感器；4—位移传感器；5—气缸；6—电磁开关阀；7—导轨；8—基座

(4)常用自动控制回路：起停点动、起停长动、可逆控制、电磁阀控制、顺序联动控制、行程控制与时间控制等。

如图 1-2 所示，在顺序控制下的机电系统具有如下特点，即工作状态是离散的、每步常以数字信号输出、下一步开始的前提是上一步转换条件的满足。换言之，顺序控制系统非常适合工业生产线、传送带系统、工业机器人、电机控制系统、电梯系统、安全自锁系统、机床、交通信号系统等可以将工艺或执行目标分解为有限步的应用场合。

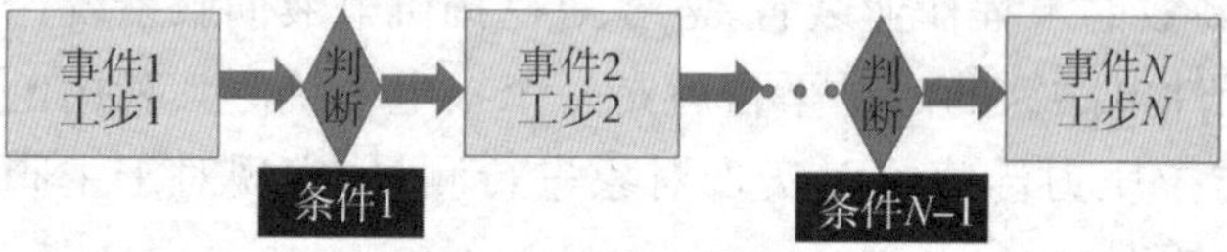


图 1-2　顺序控制

对于顺序控制任务，常用时序图来表达动作的先后与逻辑关系，时序图一般为笛卡尔坐标系的二维图，横坐标代表时间，纵坐标为动作状态。如图 1-3 所示，对于一个安装有两个执行器的机电系统，每个执行器有两种状态，那么根据图示即可知道任意时间下的执行器状态。利用顺序控制时序图可以方便地规划与传达机电系统工作工艺流程，方便后续分析与程序编制。

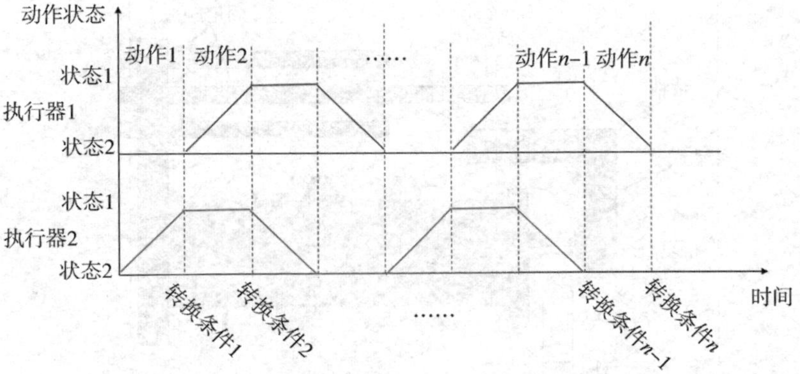


图 1-3　顺序控制时序图

### 1.1.3　顺序控制目标

(1)开关量逻辑控制

将开关的开与关,动作执行器的行与止转换为布尔代数的 1 或 0,根据任务需求,开展“与”“或”“非”等逻辑运算,用触点和电路的串、并联,代替继电器进行组合逻辑控制,定时控制与顺序逻辑控制。

(2)模拟量过程控制

通过模拟量 I/O 模块接收温度、压力、流量等连续变化的模拟量,实现模拟量(Analog)和数字量(Digital)之间的 A/D 转换和 D/A 转换,并对被控模拟量实行闭环 PID 控制。

(3)数据处理

顺序控制器具有数学运算、数据传送、转换、排序和查表、位操作等功能,可以完成数据的采集、分析和处理。

### 1.1.4　顺序控制方法

为了实现“一步接一步”的顺序控制,一般可采用如下 3 种方案:

(1)继电器或接触器控制系统

在数字控制器问世之前,控制机电设备的唯一方式是通过开关或继电器来控制,这种类型的继电器被称为功率继电器。如图 1-4 所示,继电器的工作原理是利用电磁线圈通电时产生的磁力,拉动触点到接通(ON)或断开(OFF)的位置。当继电器断电时,开关释放并使设备回到其标准的接通或断开状态。例如,如果想控制一个电机接通或断开,可以在线圈和电机之间安装一个继电器。然后,通过给继电器通电或断电来控制电机何时获得电源。当然,如果没有电源,电机就不会运转,从而实现了对电机的控制。

在一个工厂中,可能有多个需要控制的电机,那么应该怎么办呢?答案是增加更多的功率继电器。因此,工厂开始积累装满功率继电器的电气柜。但如果想要增加额外的功能,应该怎么办呢?答案是使用更多的继电器。这些继电器被称为控制继电器,因为它们是控制着控制开关的继电器,进而控制电机的接通和断开。随着功能的增加,电气柜体积

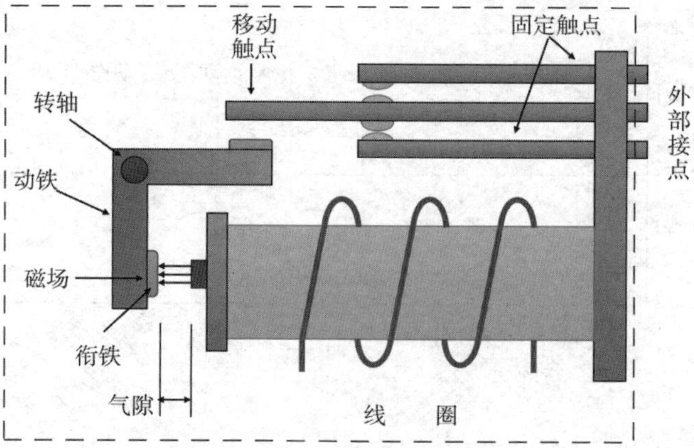

图 1-4　继电器外观及原理简图

迅速增大,查错修改难度以及设备功耗成为限制系统规模扩大的首因。

(2)PLC 顺序控制系统

PLC 顺序控制系统是一种基于可编程逻辑控制器(Programmable Logic Controller,PLC)的控制系统,它按照预先设定的顺序和转换条件,对一系列开关量控制信号进行管理和控制。PLC 可以方便地处理开关量控制信号,如按钮、行程开关、中间继电器等,以实现自动有序操作的过程。它在 PLC 中应用广泛,例如搬运机械手的运动控制、包装生产线的控制、交通信号灯的控制等。

PLC 顺序控制系统的设计可以通过 4 种方法实现,包括经验设计法、逻辑设计法、继电器控制电路移植法和顺序控制设计法(功能表图设计法)。功能表图由步、转换、转换条件、箭头线和动作组成,是一种先进的设计方法,可以显著节约设计时间。具体实现顺序控制的四种编程方式包括:起—保—停编程方式、步进梯形指令编程方式、移位寄存器编程方式和置位复位编程方式。

(3)基于上位机的混合流程顺序控制系统

基于上位机的混合流程顺序控制系统通过在调度中心上位机运用全组态配置和后台程序搭配的设计方法,实现混合流程的顺序控制。这种方法可以有效缩短控制时间、减少误操作,提高下位机(或现场控制器)运行的可靠性,具有经济效益和社会效益。

(4)基于现场控制器的顺序控制系统

基于现场控制器的顺序控制系统针对上位机部署困难或者受限的情况,采用现场的嵌入式控制器(如单片机等),利用现场控制器的内部存储装置、数据采集与输出以及计算模块,实现对外部信号的采集、运算与对外电平输出。现场控制器一般还安装有网络接口或者总线,可以在条件允许的情况下与上位机沟通,或者与其他现场控制器组网实现更复杂的工作目标。

# 1.2 顺序控制实现方式

## 1.2.1 顺序控制方案

由前一节可知,继电器和接触器可以控制用电设备,但本身仍需要开关控制。手动是当然可以的,但不高效。于是自动化控制是目前广泛使用的解决方案。在 20 世纪六七十年代,美国通用汽车公司(GM)为适应汽车提出了"结合计算机灵活、通用、功能完备以及继电控制简单、易懂、操作方便、为大家所熟悉"的优点,面向工业现场、控制过程、实际问题,即使是不熟悉计算机的人,经过简单训练也可直接编程的一种新型电子化的自动控制装置来代替传统继电—接触控制的设想。PLC 之父迪克 · 莫利(Dick Morley)曾说"可编程控制器思路是在 1968 年元旦那天产生的。"PLC 问世后,以其巨大优势迅速替代继电器控制系统。PLC 的具体优势在于:

(1)具备与计算机相媲美的灵活性,同时在定价上能够与同类继电器逻辑控制系统相抗衡;

(2)易于维护,并且能够根据已经广泛接受的继电器梯形图逻辑方法进行编程;

(3)能够在充满灰尘、水分、电磁干扰和振动等恶劣工业环境中稳定运行;

(4)采用模块化设计,以便于组件的快速更换和系统的扩展性。

到了 21 世纪,随着计算机技术的快速发展,通用型的自动控制装置不断涌现。例如各类嵌入式系统,单片机或者专用的数据采集控制系统等。这些系统不仅可以实现顺序控制,更可以运行复杂算法,实现各类控制需求。截至目前,能够实现自动化开关量输出的设备主要有数据采集系统、可编程控制器(PLC)与单片机(或嵌入式系统)。各类自动控制系统解决方案对比如表 1-1 所示。

表 1-1　自动控制系统解决方案对比

| 控制系统 | 扫描速度 | 是否接受模拟量 | 控制算法 | 接点容量 | 接点数量 | 价格 | 可靠性 |
|---|---|---|---|---|---|---|---|
| 数据采集系统 | MHz 级 | 是 | 任意 | 20 VDC ~ 0.5 A | 中 ~ 多 | 万元以上 | 科研级 |
| 可编程控制器 | kHz 级 | 需外接模块 | LAD,内建 PID | 24 VDC~ 250 VAC~2 A | 多 | 百元至千元 | 工业级 |
| 单片机 | kHz 级 | 是 | 任意,但受 ROM 大小限制 | 3~5 VDC< 100 mA | 少 | 百元以内 | 产品级 |

## 1.2.2 顺序控制等效电路

在程序控制出现以前,自动控制通常依靠物理逻辑电路的搭建。等效电路是指用控制器内部的逻辑运算模拟实际电路的工作原理和功能。如图 1-5 所示，左侧的控制电路是一个典型的非排他式电灯双控电路，即接通任意一个开关都可以使灯泡导通发光，但只有当两个开关均关闭时灯泡才能断路熄灭。对于这样一个电路功能，实际上可以利用布尔代数中的“或”运算来表征，即如图 1-5 所示。使用等效电路可以将原本的硬件电路简化，而将复杂的逻辑运算利用计算设备中的与非门或逻辑电路来“软”实现。

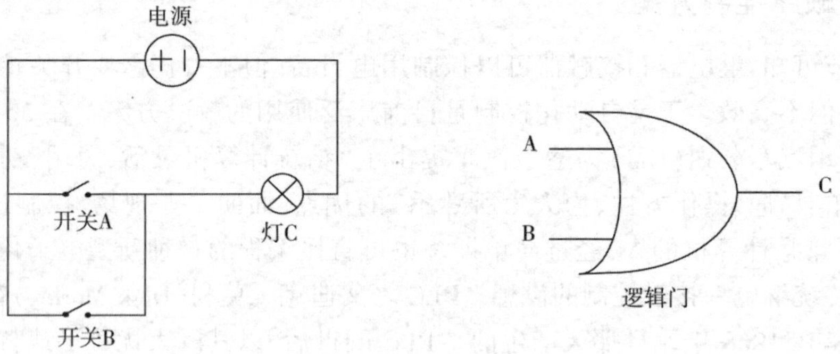


图 1-5　等效电路

例如，PLC 编程中最常用的图形逻辑表示方法是梯形图法，它将控制逻辑以梯形图的形式展现出来，与传统的继电器控制面板类似。PLC 等效电路的目的是将 PLC 的软件逻辑功能与电气工程师熟悉的硬件逻辑概念相结合，使得 PLC 程序易于编写、理解和维护。通过这种方式，PLC 能够模拟传统的继电器控制面板，实现相同的控制功能，同时提供更高的灵活性和可靠性。又如，常见的单片机控制器的模拟量与数字量输入端口可以方便地接入外部开关信号，之后所有的开关量可以在芯片内部运算，得到的结果再输出到单片机的模拟量或者数字量输出接口，实现对于外部设备的驱动。

由上述两个例子可以看到，现代的顺序控制系统已经完全舍弃了传统继电器的逻辑电路，仅仅通过外部开关或传感器信号对状态进行判断，而逻辑运算则在数字控制器内完成。通过这样的等效设计，可以极大简化电路设计与故障排错，大大提高了生产效率。

### 1.2.3　微处理器

机电控制器中的微处理器是系统的核心部件，通常用于实现对外部设备的控制和通信功能。其主要功能包括从程序存储器读取程序指令，编译、执行指令；将各种输入信号取入；把运算结果送到输出端；以及响应各种外部设备的请求，等等。

随着机电控制任务的复杂程度不断提高，依据不同特点和适用场景，微处理器从早期的 4 位和 8 位微处理器发展到今天的 64 位高性能处理器，微处理器技术不断进步，以满足日益增长的计算需求。目前，常见的架构有：

（1）X86 架构：性能高，速度快，兼容性好，代表性的厂商有英特尔和 AMD。X86 架构一般用于通用计算设备，然而随着微电子技术的不断进步，这类架构已实现微小型化，方便工控应用。

（2）ARM 架构：成本低，低功耗，广泛应用于移动设备和嵌入式系统，代表性的厂商有 Arduino、Raspberry Pi 等，这类架构一般见于消费级嵌入式开发平台。

(3)RISC-V 架构:模块化,极简,可拓展,代表性的厂商有三星、英伟达、西部数据等。

(4)MIPS 架构:简洁,优化方便,高拓展性,代表性的厂商有龙芯。

其与个人计算机的异同点:

①相同点:都具有数据处理功能;

②不同点:数量不同,有 2~3 个,通常用于控制、运算及联网;工作机理不同,操作系统被厂家预置、固化,用户不得随意更改、查阅、装卸。

对于工业环境中广泛应用的自动化控制的系统,执行程序的流程大致可以分为初始化、输入扫描、程序执行、逻辑运算、输出更新与循环执行等几个步骤。在程序开始执行前,会进行初始化操作,包括设置 I/O 模块的状态、定时器、计数器等。接着,控制器读取输入设备(如传感器、按钮等)的状态。这些输入信号被存储在输入寄存器中。然后,按照程序逻辑顺序执行用户编写的程序。程序执行完毕后,根据程序逻辑更新输出寄存器的状态,这些状态将被用来控制输出设备(如继电器、指示灯等)。最后,执行程序一般是一个循环过程,通常以一定的周期(扫描周期)重复执行上述步骤。在某些系统中,如果发生紧急情况或特定事件,可以暂停当前的循环执行,优先处理中断程序,然后再返回到主循环。此外,控制器可能需要与其他计算机系统或人机界面(HMI)进行通信,以交换数据和控制信息,执行程序流程如图 1-6 所示。

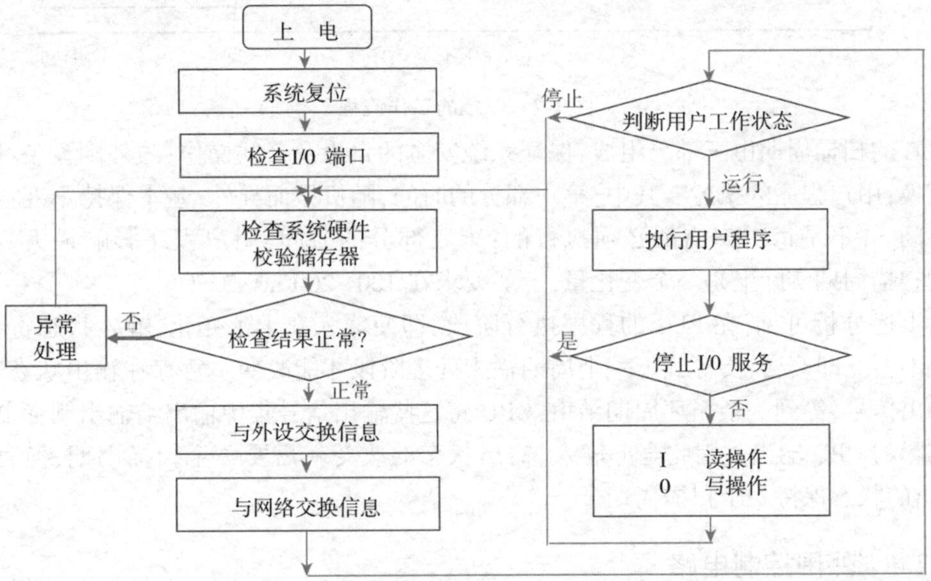


图 1-6　执行程序流程

接下来,以常见的 PLC 控制器为例,介绍 PLC 程序执行特点。PLC 采用"巡回扫描"的工作方式,在一个周期内对程序的执行方式可分为输入采样、程序执行、输出刷新三个阶段。PLC 在输入采样阶段,以扫描方式,在指定时间段里顺序读入所有输入端的通/断状态或输入数据,并将此状态存入输入状态寄存器,即输入刷新。此阶段又称为定期集中采样。PLC 按先上后下、从左到右的顺序,从输入状态寄存器和其他元件状态寄存器中依次"读取"有关元件的通/断状态,并根据用户程序进行逻辑运算、分析、判断,将需要输出的运算结果,及时存入对应的输出状态寄存器。一旦本阶段结束,输出状态寄存器中的状态不再改变。此阶段又称为顺序扫描运算。在所有指令执行完毕后,运算结果全部存入输出状态寄存器后,CPU 通过锁存电路将所有的结果一次性的输出并转换成为现场执行元件所需的各种信号,借助输出端子,去控制现场执行元件的状态。故此阶段又称为集中输出刷新。由此,PLC 自动地、周而复始地执行着由这三个阶段构成的工作周期。简而言之,PLC 的工作原理是:定期集中采样、顺序扫描运算、集中输出刷新,其工作流程如图 1-7 所示。

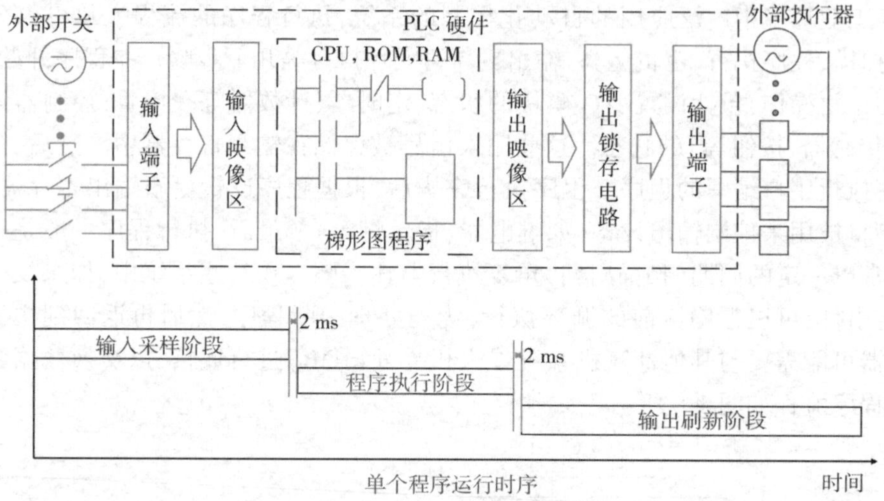


图 1-7　PLC 的工作流程

PLC 的扫描周期由三部分组成:保证系统安全的自检及公共操作;与外围设备/网络的信息交换;用户程序的执行。其中:第一部分的时间,随机型而异外,基本保持不变;第二部分的时间,并不是每次扫描都必须执行的;第三部分的时间,用户程序影响最大。因此,PLC 的扫描周期实际上是一个变化量,一般要求在 100~200 ms 以内。

由上述分析可见,在 PLC 的程序执行阶段,即使输入发生了变化,输入状态寄存器的内容也不会立即改变,要等到下一个周期输入处理阶段才能改变。暂存在输出状态寄存器中的输出信号,等到一个循环周期结束,CPU 将这些输出信号集中输出给输出锁存器,这才成为实际的 CPU 输出。因此全部输入、输出状态的改变就需要一个扫描周期,换言之,输入、输出的状态保持一个扫描周期。

### 1.2.4　外围控制电路

外围控制电路是指与中央处理器(CPU)或微控制器(MCU)相连的电子设备的集合,它提供了与外部环境进行信号交换和数据传输的功能。在各种电子设备中,如计算机、智能手机、传感器、通信设备等,外围控制电路起着重要作用。广义的外围控制电路的主要组成部分包括控制器、状态寄存器、命令寄存器、数据缓冲器等模块,以及接口电路、数据总线、中断控制器等内容。在本文中,采用狭义的外围控制电路定义,即输入输出设备(输入输出设备是外围控制电路的最终执行部分,包括各种传感器、开关、电机、线圈等,它们与计算机进行通信并完成各种操作)。此外,为了保证电路的整体功能实现,还需要电源为外部电路供能,为设备提供所必须的工作电平。

具体地,现代的输入/输出(I/O)模块均采用光电隔离,实现了控制器的内部电路与外部电路的电气隔离,减少了电磁干扰。常见的类型有开关量(数字量)输入输出(DI/DO)、模拟量输入输出(AI/AO)、编码器脉冲输入以及步进电机、伺服电机驱动器等多种模块供用户选用。习惯上,I/O 模块通常以“点”为单位表示,是控制器性能一个重要的技术指标。一般来说,控制器的 I/O 点数越多,说明系统的控制能力越强,同时价格也更高。

①输入接口

如图 1-8 所示,PLC 的输入接口形式主要有干接点式、直流输入式与交流输入式。干接点式利用机械触点的开闭来控制电路的通断,信号电平由 PLC 内部直流电源提供。外部触点闭合时输入信号被 PLC 内部光电耦合元件接收,驱动光敏三极管输出高电平;触点断开时信号中断,光敏三极管输出低电平。干接点式常用于开关、按钮等设备的信号采集,无需外部供电,接线简单。直流输入式通过外部直流电源供电,将传感器等设备的直流信号转换为 PLC 可识别的信号,信号稳定且抗干扰能力强,适用于对信号精度要求较高的场合。交流输入式则是利用 PLC 内部电桥将交流信号转换为可处理的直流信号,适用于交流传感器或交流设备的信号采集,能直接处理交流信号,简化了外围电路设计。

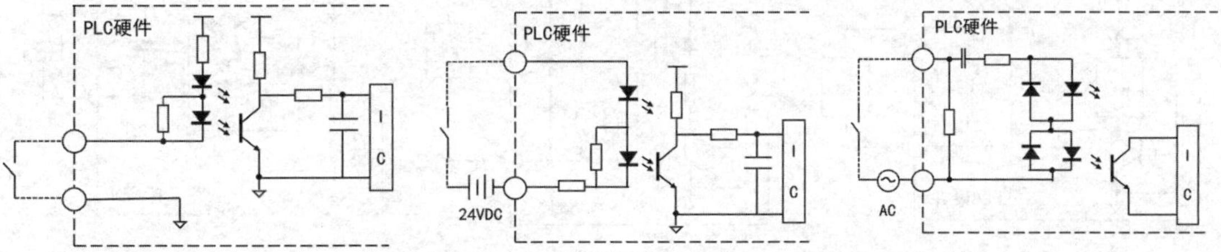


图 1-8　干接点式(左)、直流输入式(中)、交流输入式(右)

此外,根据外部信号是上拉还是下拉形式,可以分为源型输入电路和漏型输入电路。源型输入电路,即电流从公共端流入,设计线路时,公共端采用共正极方式;漏型输入电路,是电流从公共端流出,设计线路时,公共端采用共负极方式。NPN 型即当有信号触发时,信号输出线 OUT 和电源线 VCC 连接,输出高电平以及 PNP 型,当有信号触发时,信号输出线 OUT 和 0V 线连接,输出低电平。最终实现将按钮、行程开关或传感器等产生的信号,转换成数字信号送入主机。表 1-2 展示了各类型电路的输入形式。

表 1-2　各类型电路的输入形式

| 输入类型 | 模块型式 | 接点容量 |
| --- | --- | --- |
| 无电压 NPN 型 | 8 点/组 | 7 mA |
| 无电压 PNP 型 | 8 点/组 | 7 mA |
| 直流输入 | 8 点/组或 16 点/组 | ±12 V~24 V/±24 V |
| 交流输入 | 8 点/组或 16 点/组 | 100 V~120 V/200~240 V |
| 交、直流输入 | 8 点/组或 16 点/组 | A/D　12 V~24 V/24 V |

②输出接口

将主机向外输出的信号转换成可以驱动外部执行电路的信号，以便控制接触器线圈等电器通断电，另外输出电路也使控制器与外部强电隔离。常见的输出接口形式主要有图1-9中的3种：

继电器输出型：这种类型的输出接口使用继电器的触点和线圈来实现PLC内部电路与外部负载电路的电气隔离。继电器输出接口可以驱动交流或直流负载，响应时间较长，动作频率低，但负载能力最强。对于电阻负载而言，继电器输出的PLC每点电流可以达到2 A，有些型号的PLC每点负载电流甚至高达8~10 A。

晶体管输出型：这种类型的输出接口通过光电耦合器使晶体管截止或导通以控制外部负载电路，并同时实现PLC内部电路和晶体管输出电路的电气隔离。晶体管输出型PLC的响应速度快，动作频率高，但只能用于驱动直流负载，负载电流一般在0.3~0.5 A。

双向晶闸管输出型：这种类型的输出接口同样通过光电耦合器控制，但只能用于交流负载。双向晶闸管输出型PLC的响应速度和动作频率都很高，但只能用于交流负载。表1-3展示了输出类型的分类。

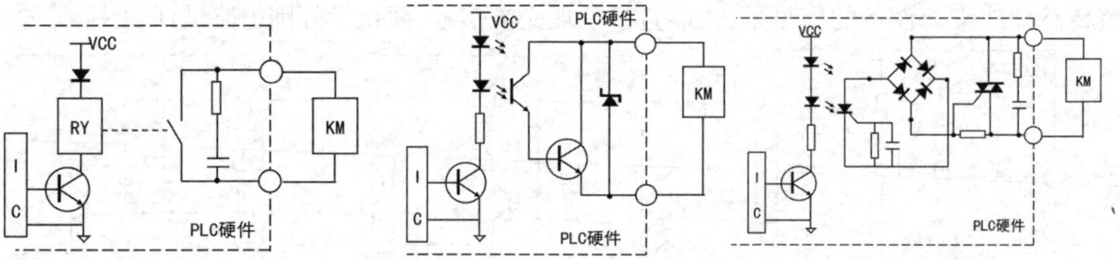


图1-9　继电器—低速大功率(左)、晶体管—高速小功率(中)、可控硅—高速大功率(右)

表1-3　输出类型的分类

| 输出类型 | 模块型式 | 接点容量 |
|---|---|---|
| 继电器型 | 8点/组或12点/组 | DC24 V/AC250 V 2 A |
| 晶体管型 | 8点/组或12点/组 | DC24 V<2 A |
| 可控硅型 | 8点/组或12点/组 | AC250 V<1 A |

## 1.3　"智能"的实现方式

### 1.3.1　技术融合与集成

机电一体化技术的发展将机械技术、电力电子技术、微电子技术、信息技术、传感测试技术、接口技术等有机融合并应用。这种技术集成是机电装备智能化的基础，使得装备能够实现自感知、自决策、自执行、自诊断、自适应、自学习等功能特征。

例如，传统的挖掘机操纵手柄到动作的转化是依靠液压油信号，通过油压驱动大臂等活动关节的换向阀,实现大臂抬放等操作。系统反应并不灵敏,同时驾驶员操作负荷大。较新一些的主流产品采用了电信号驱动电磁铁实现阀换向,在操作灵活度与可控性方面得到了较大提升。因为操作员与阀之间的物理连接改为了遥控(steer by wire),无需操作员,在控制器层面即可实现更加复杂的位移、力与速度控制,降低了操作负荷,提升了操作效率。目前,随着传感技术,尤其是微电子技术的进步,在我国最新的工程装备阀控系统当中,更加重视传感技术的融合。例如,在阀的层面即安装了阀芯位移传感,集成化的温度压力传感,这样不仅可以实时检测系统运行参数,更可以利用复杂的数学模型对于系统性能进行预测,实现故障诊断与运行状态感知,这也是未来工程装备智能化的实现手段之一。

### 1.3.2　自动化、集成化、信息化

智能装备产业正朝着自动化、集成化、信息化的方向发展。智能制造装备将实现生产过程的高度自动化,对生产对象和生产环境具有一定的适应性,实现生产过程优化。硬件、软件与应用技术将实现深度集成,生产设备与智能网络实现高度互联,并通过人工智能技术赋能,使智能制造装备性能不断升级。

以工程装备中的挖掘机为例,运行可靠性与能耗决定了系统的经济性。显然,设备的维护时间越短,单位性能的能耗越低,设备对于使用方的生产效益就越高。在工程装备当中,设备可靠性一般由元件与系统可靠性决定,能耗由工况、元件架构和控制算法决定。对于系统可靠性,传统的设计方法采用统计学依据,仅能估计系统的预期寿命,对于元件的具体损坏、失效难以预测。同时,在系统控制算法的设计当中,一般仅考虑特定工况,对于实际工况与控制算法的相互作用的相关数据较少。目前,随着信息科学技术的进步,通过在设备上安装信息发送装置,可以将每台设备变为一个数据监测与收发节点。生产商可以在后台掌控设备的使用大数据,样本数量越大,模型就可以越准确地预测系统的故障以及能耗特点,进而有针对性地实现更加优化的经济性。

5G、物联网、人工智能等新兴技术正逐渐渗透到企业生产经营的各个方面。智能制造装备在未来发展中,将充分整合新兴技术到各个功能模块,以适应企业复杂的生产和管理需求,提高生产效率,提升产品质量,保证生产活动的可靠性。

### 1.3.3　未来展望

顺序控制的未来是向着更加智能化、网络化、用户友好和功能集成化的方向发展,以适应不断变化的工业环境。随着工业4.0和智能制造的推进,顺序控制器将更加注重智能化和网络化。这意味着顺序控制器将集成更强大的处理器和先进的控制算法,以实现对复杂工艺流程的精确控制和优化。

同时,顺序控制器将与工业互联网、物联网以及人工智能技术深度融合,实现设备间的互联互通,支持远程操作和大数据分析,为工厂的数字化转型提供支持。未来顺序控制器将更加注重用户体验,提供更加直观的用户界面和友好的操作指南,简化设备的配置和维护过程。这将使得操作人员能够更快捷、更准确地进行操作,提高工作效率。现代顺序控制器不仅能够实现复杂的逻辑控制和顺序动作,还集成了数据采集、故障诊断和远程监控

等功能，大大提高了生产效率和设备的可靠性。

## 1.4 本章小结

本章介绍了机电系统基本概念和相关定义，阐述了顺序控制的实现方式，探讨了顺序控制的硬件实现方案。最后，对于智能化的实现方式，以及新技术对于机电系统的影响进行了分析和讨论。

## 1.5 本章习题

1.以下哪一个是模拟量控制系统？（　　）

A.流水线工步控制

B.化工恒温控制

C.商场红外报警

D.手机过充报警

2.你是创业公司 CTO，对于自动化扫地机器人的控制器，你选什么？（　　）

A.单片机

B.PLC

C.PXI

D.模拟电路

3.你是否能举出对于现有装备提升智能化的建议？如何实施？

# 第2章

# 机电系统控制元件

## 2.1 低压电器的基本知识

### 2.1.1 低压电器的定义

在电路中,电器是实现电量与非电量之间的转换、控制、保护、调节、检测等功能的器件或装置。低压电器是指用于交流 1 000 V 或直流 1 500 V 以下电路中的电气设备。它们广泛应用于工业、商业和住宅领域,主要用于控制、保护和测量电气系统,常见的低压电器如图 2-1 所示。

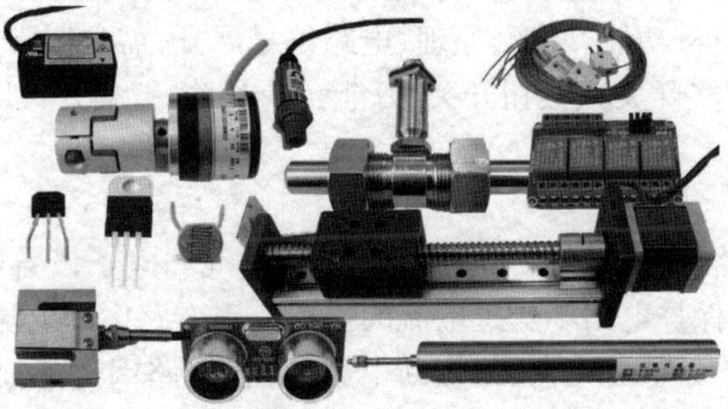

图 2-1 低压电器

### 2.1.2 低压电器的主要元件

为了实现既定的机电控制任务,需要搭建对于原动机的控制电路。电路的搭建离不开各类低压电器,常见的类型如表 2-1 所示。低压电器的设计和选择需要考虑其在特定电气系统中的功能、负载能力、操作频率、环境条件等因素。正确使用低压电器对于保障电气系统的安全、可靠和高效运行至关重要。

表 2-1 常见的低压电器元件

| 元件 | 作用 |
|---|---|
| 断路器(Circuit Breaker) | 用于在电路发生过载或短路时自动切断电源,以保护电路和设备 |
| 接触器(Contactor) | 用于远程频繁地控制大功率设备的起停,如电机 |
| 继电器(Relay) | 利用控制电路中的小电流来控制工作电路中的大电流,实现电路的控制和保护 |
| 开关(Switch) | 手动或自动地连接或断开电路,用于控制电路的通断 |
| 熔断器(Fuse) | 一种过载保护装置,当电流超过其额定值时,熔断器会熔断,切断电路 |
| 过载继电器(Overload Relay) | 用于电机等设备的过载保护,当设备过载时,继电器动作,切断电源 |
| 限位开关(Limit Switch) | 用于检测机械设备的位置或行程,当达到预定位置时,限位开关动作 |
| 按钮(Push Button) | 用于手动控制电路的通断,如起动或停止设备 |
| 指示灯(Indicator Light) | 用于指示电路的状态,如电源指示、故障指示等 |
| 接线端子(Terminal Block) | 用于连接电线,便于电路的组装和维护 |
| 变阻器(Rheostat)和变压器(Transformer) | 分别用于调节电阻和电压,以适应不同的电气需求 |

## 2.2 开关

在工业自动化领域,开关是控制器与现场设备之间的桥梁,负责将控制信号准确传递到各个执行机构。本节从功能、外形、原理、电路符号展开,需掌握常用开关电器,包括熔断器、刀开关、断路器(空气开关)、按钮开关、万能转换开关、行程开关以及接近开关等。

### 2.2.1 熔断器

熔断器是一种电路保护装置,广泛应用于各种电气和电子设备中,如汽车、家用电器、工业控制系统等,用于保护电路不受过电流的损害。当电路中的电流超过熔断器的额定电流时,熔断器会“熔断”或“断开”,从而切断电路,防止电路因过热而损坏或引发火灾。如图 2-2 所示,熔断器内部通常包含一个或多个熔丝,这些熔丝由特定的金属合金制成,设计成在通过电流情况下能够熔断。当电流超过熔断器的额定值时,熔丝会因为过热而熔断,

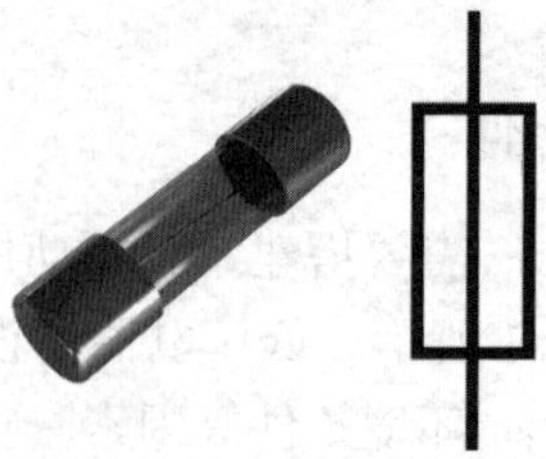

图 2-2 熔断器及其图形符号

从而切断电路。熔断器的额定值通常包括额定电流和额定电压。选择熔断器时,需要确保其额定电流与被保护电路的最大正常工作电流相匹配。

熔断器的保护特性又称为熔断器的安秒特性,即:

$$I^2t = 常数$$

其中,$I$ 为通过熔断器的电流。如图 2-3 所示,显然熔断器的熔断时间与通过它的电流成反比。这意味着电流越大,熔断的时间越短。

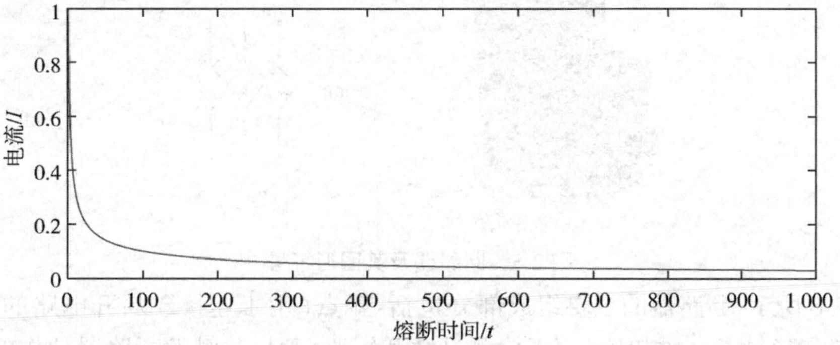


图 2-3　熔断器特性曲线

### 2.2.2　刀开关

刀开关也称为闸刀开关,是一种手动操作的开关设备,主要用于在电路中进行接通和切断电源的操作。如图 2-4 所示,刀开关主要由刀片、触点、操作手柄与绝缘体组成。刀开关的工作原理相对简单,通过手动操作手柄,使刀片在静触点之间移动,从而实现电路的接通和断开。当刀片与静触点接触时,电路接通;当刀片与静触点分离时,电路断开。刀开关有多种类型,包括:单极刀开关(只有一个刀片,用于控制单相电路);双极刀开关(有两个刀片,可以同时控制两个相位,用于三相电路);三极刀开关(有三个刀片,用于控制三相电路);带熔断器的刀开关(在刀开关的基础上集成了熔断器,用于过载保护)。

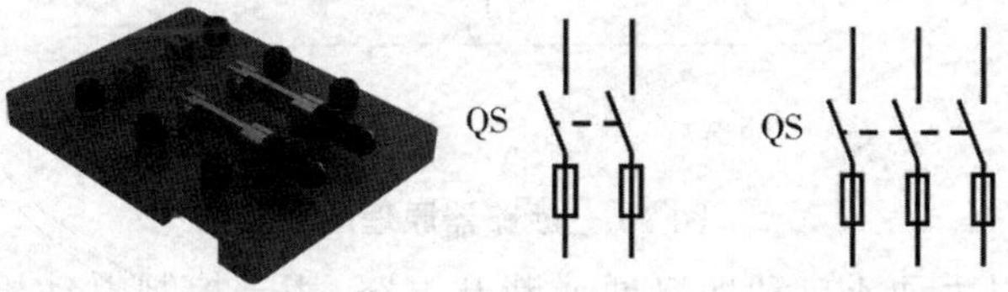


图 2-4　刀开关及其图形符号

刀开关广泛应用于电力系统、工业控制、实验室和测试设备等需要通断切换的场合。刀开关因其结构简单、操作方便而在许多领域得到了广泛应用,但随着技术的发展,越来越多的自动化和智能化开关设备正在取代传统的刀开关。目前,在日常居民用电领域,刀开关已被断路器取代。

### 2.2.3 断路器

如图 2-5 所示，断路器是一种用于电力系统中的保护和控制设备，其主要功能包括：过载保护与短路保护。当电路中的电流超过设备或线路的额定电流时，断路器能够在一定时间内自动断开电路，以防止设备过热和损坏。

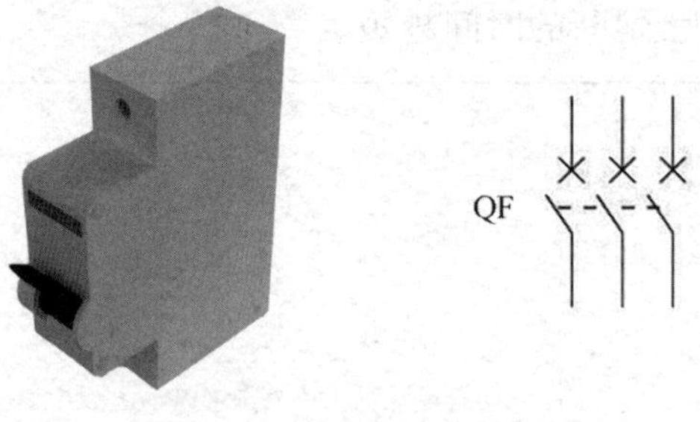


图 2-5　断路器及其图形符号

如图 2-6 所示，断路器的主要组成部分包括：触点（用于连接或断开电路的部分，通常分为动触点和静触点）；脱扣器（用于检测过载和短路情况，并触发断路器动作的装置）；操作机构（用于手动或电动操作断路器闭合或断开的机械装置）；外壳（提供保护，防止外界因素影响断路器的正常工作）。由于不必更换熔断器，断路器开关时间短、使用方便。如果电路中发生短路，即电流突然增大到异常高的水平，断路器会迅速切断电源，以防止电气火灾或设备损坏。

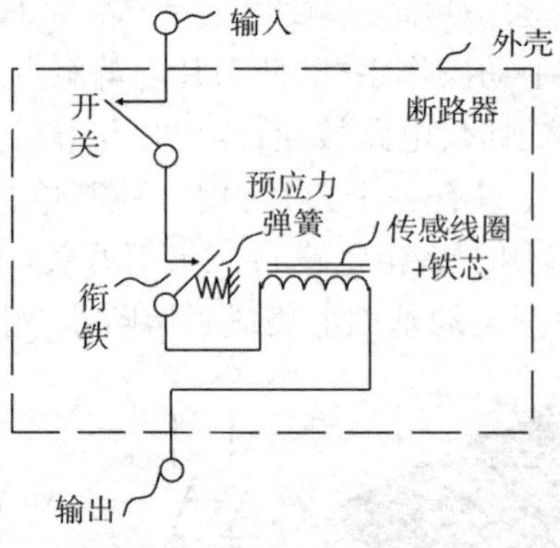


图 2-6　断路器原理图

此外，断路器可以手动或自动地接通或断开电路，用于控制电动机、照明、加热器等设备的起动和停止。在维护或检修设备时，断路器可以作为隔离装置，确保电路处于断开状态，保障人员安全。

### 2.2.4 按钮开关

按钮开关是一种常见的电气开关，主要功能是控制电流的流动，允许或阻止电流通过电路。它们通常用于控制电气设备和机器的起动、停止、复位等操作，是一类手动控制开关；一般控制 24 V 以内的弱电，具有点动或自锁等功能。其常见类型包括：常开按钮（常态下处于断开状态,只有在按下时才会闭合电路);常闭按钮(常态下处于闭合状态,只有按下时才会断开电路);瞬时按钮(按键后立即返回,用于短暂控制,如开关机按钮);自锁按钮(按下后可以保持闭合状态,即使手松开也不会复位,需要再次按下才能断开)。

如图 2-7 所示,按钮开关通常由一个或多个按钮组成,这些按钮可以是圆形、方形或其他形状。它们通常安装在一个塑料或金属的外壳内,以保护内部的电气组件。按钮开关的主要功能是控制电路的开启和关闭。当按下按钮时,内部的触点会接触或分离,从而改变电路的状态。

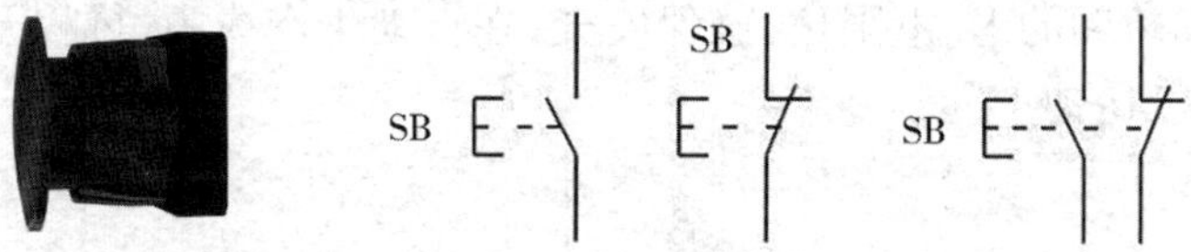


图 2-7　按钮开关及其图形符号

在工程中,常用对按钮的使用颜色做出如下规定:

(1)停止和急停按钮:红色。按红色按钮时,必须使设备断电、停车。

(2)启动按钮:绿色。

(3)点动按钮:黑色。

(4)启动与停止交替按钮:必须是黑色、白色或灰色,不得使用红色和绿色。

(5)复位按钮:必须是蓝色,当其兼有停止作用时,必须是红色。

### 2.2.5　万能转换开关

万能转换开关是一种多功能的电气控制组件,用于各种控制线路的转换、电压表、电流表的换相测量控制、配电装置线路的转换和遥控等,或者用于直接控制小容量电动机的起动、调速和换向。对于额定电压至 500 V 及以下,直流电压至 440 V 的电路中转换电气控制线路、电磁线圈、电气测量仪表和伺服电动机等,或 5.5 kW 以内的三相鼠笼型异步电动机、可逆转换、变速等都可以使用万能转换开关。如图 2-8 所示,万能转换开关具有体积小、功能多、结构紧凑、转换操作灵活、安全可靠的特点。其操作方式简单直观,如手动旋钮、推拉按钮、拨动开关等,使得用户可以轻松地进行控制和操作。

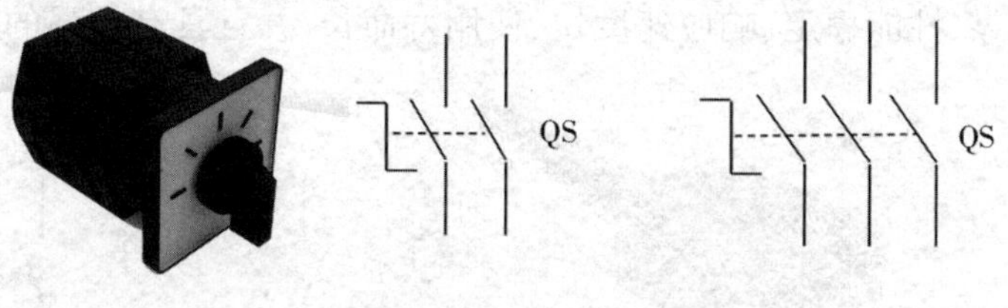


图 2-8　万能转换开关及其图形符号

万能转换开关的基本原理是根据电气接触的开闭状态实现不同电源模式的切换,通过控制电路的开合,使电器设备从一种电源模式切换到另一种电源模式。它一般是由多组相同结构的触点组件叠装而成的多回路控制电器,由操作机构、定位装置、触点、接触系统、转轴、手柄等部件组成,触点在绝缘基座内,为双断点触头桥式结构,动触点设计成自动调整式以保证通断时的同步性。

### 2.2.6 行程开关

行程开关,又称限位开关,是一种能够根据运动部件的行程位置来切换电路的电器。如图 2-9 所示,主要用于控制机械设备的运动行程,确保设备在预定位置停止,防止碰撞事故的发生。行程开关广泛应用于各类工业设备中,例如:用于控制工件的运动行程,避免碰撞机床;控制电梯轿厢的上、下限位,确保安全;在自动生产线中,行程开关可用于实现物料的自动装卸和往返运动。

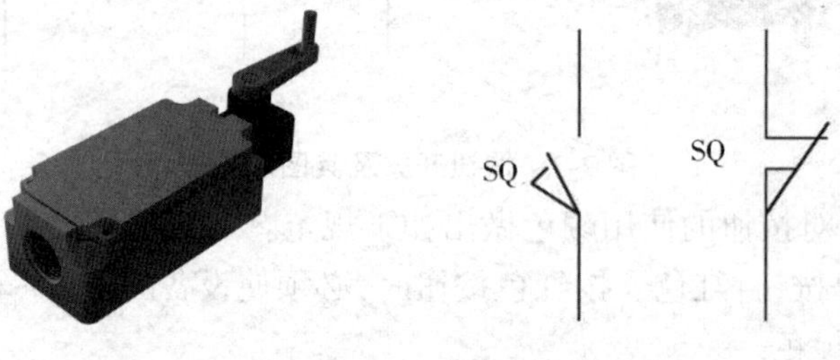


图 2-9 限位开关及其图形符号

行程开关的工作原理基于机械与电气的相互作用。当外部机械部件(如运动的机械臂或滑块)触碰到行程开关的执行机构时,内部的触点会发生动作,进而实现电路的开闭。行程开关通常包含触点、驱动机构和控制电路等部件。触点可以是常开或常闭,常开触点在没有外力作用时处于断开状态,而常闭触点则相反。行程开关的类型多样,常见的有直动式、滚轮式与微动式。

### 2.2.7 接近开关

接近开关是一种在自动化系统和控制领域广泛应用的传感器,主要用于检测物体的位置、距离或接近状态。如图 2-10 所示,接近开关能够在物体接近其感应面到一定距离时,无需机械接触或施加压力即可使开关动作,从而驱动直流电器或给计算机(如 PLC)装置提供控制指令。它是一种无触点开关,具有行程开关、微动开关的特性,同时具备传感性能。接近开关动作可靠、性能稳定、响应速度快、使用寿命长,并且具有较强的抗干扰能力。

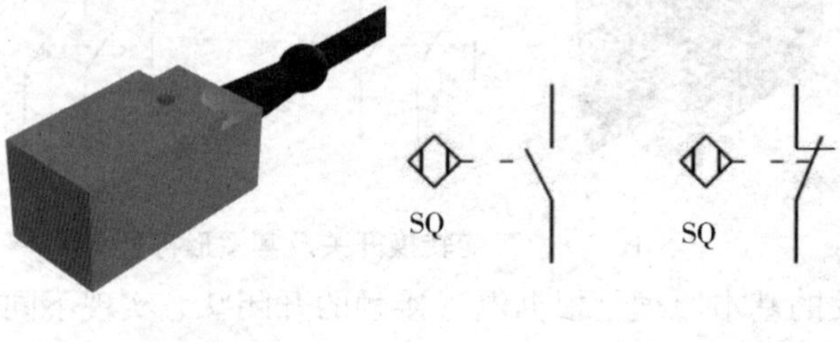


图 2-10 接近开关及其图形符号

接近开关广泛应用于机床、冶金、化工、轻纺和印刷等行业。在自动控制系统中，它可以作为限位、计数、定位控制和自动保护环节等。此外，接近开关也可用于机械设备监测、自动化生产线、车辆检测以及智能家居系统等领域。接近开关可以认为是利用磁、声以及光、电等物理效应实现在位检测，输出高/低电平两种状态，接近开关基本原理如表 2-2 所示。

表 2-2　接近开关基本原理表

| 元件图片 | 名称 | 工作原理 |
| --- | --- | --- |
|  | 激光对射式 | 采用一对光电收发单元组成，根据是否遮挡可实现过物检测，方波输出。 |
| 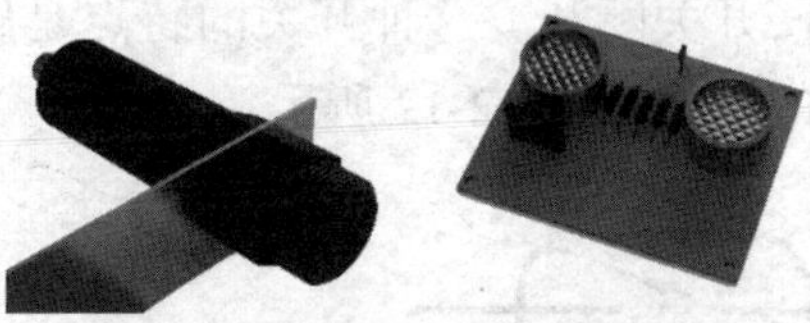 | 超声反射式 | 采用一对压电超声收发单元组成，根据是否接收到反射波实现过物检测，方波输出。 |
|  | 电磁感应式 | 采用一对电磁线圈收发单元组成，根据附近是否出现导磁物质实现过物检测，方波输出。 |
|  | 红外反射式 | 采用一对红外光收发单元组成，根据是否接收到反射波实现过物检测与生命体检测，方波输出。 |

### 2.2.8　浮球开关

浮球开关是一种液位控制元器件，具体来说，浮球开关内部的浮子随液位上升或下降，使传感器检测管内设定位置的干簧管芯片动作，发出接点开关的状态信号。浮球开关通过一个浮动在液体中的球体来检测液位。当液位上升或下降时，浮球随之移动，并通过机械杆或连杆触发开关动作。如图 2-11 所示，浮球开关结构简单，没有复杂的电子部件，因此维护容易，可靠性高。

浮球开关适应于控制泵运转来维持液位；控制罐的自动装卸；控制液位或供给信号，如油箱、自动清洗系统、液压罐、低压锅炉、污水处理系统。广泛应用于工业生产中的液位控制领域，如水处理、油库、化工等行业。在矿山、煤炭等工业领域中，浮球开关也用于液位控制和监测，例如监测液压支架上的液位，保证采煤机能够稳定、高效地工作；在选矿过程中，实现对矿浆液位的精准控制；在矿山提升系统中，监测油箱液位，保证提升机的安全运行。

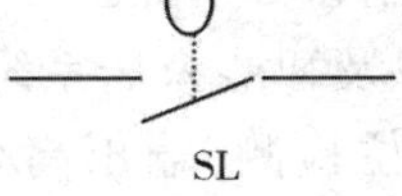


图 2-11　浮球开关及其图形符号

### 2.2.9　磁簧开关

磁簧开关(Reed switch),也称为干簧管,是一种通过磁场操作的电开关。磁簧开关由两片软磁性金属簧片组成,密封在玻璃管内。这两片簧片中间有很小的间隔,当外部磁场靠近时,簧片被磁化产生不同极性的磁场,当磁场强度足够时,两个簧片就会吸合到一起,从而导通开关;当外部磁场远离时,簧片逐渐退磁断开,开关断开。这种开关的特点是触点与惰性气体一起密封在玻璃管内,不会受到外部气氛的影响,如图 2-12 所示。

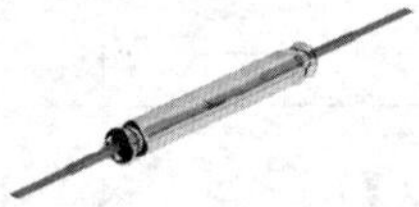
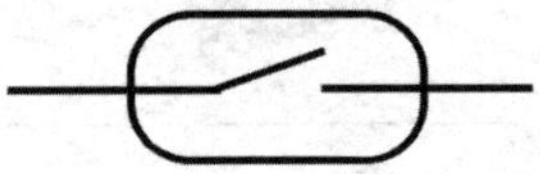

图 2-12　磁簧继电器原理图

磁簧开关因其非接触式控制、快速响应和高可靠性,被广泛应用于水位开关,即用于检测水位,控制水泵的起停;检测洗衣机门的开启和关闭状态;用于检测电磁炉门的开关状态;在防盗报警系统中,用于检测门窗的开启状态;用于控制机械臂、传送带等设备的起停用途,常与中间继电器配合,一同用于水位、行程的检测与控制。

## 2.3　接触器

接触器是电气控制中最常用、最主要的自动切换电器。其主要用于频繁通断交直流回路和大容量控制电路。目前,接触器已广泛应用于工业自动化、电力系统、建筑设备等领域,用于控制电动机、照明、加热器等设备。

### 2.3.1　接触器特点

接触器是一种用于频繁地远程控制大功率设备的起停的电器设备,通过电磁线圈的吸合和释放,控制主触点的接通和断开,实现对电动机或其他负载的起动和停止控制,如图 2-13 所示。一般设计用于频繁操作,能够承载较大的工作电流,适合工业自动化系统中的高功率设备的控制。通常配有辅助触点,用于实现控制电路的扩展,如联锁控制、指示灯等。部分接触器内置过载保护功能,可以保护设备不受过载损害。根据电流类型、操作方式、使用环境等不同，接触器有多种分类，如交流接触器、直流接触器、电磁接触器、气动接触器等。

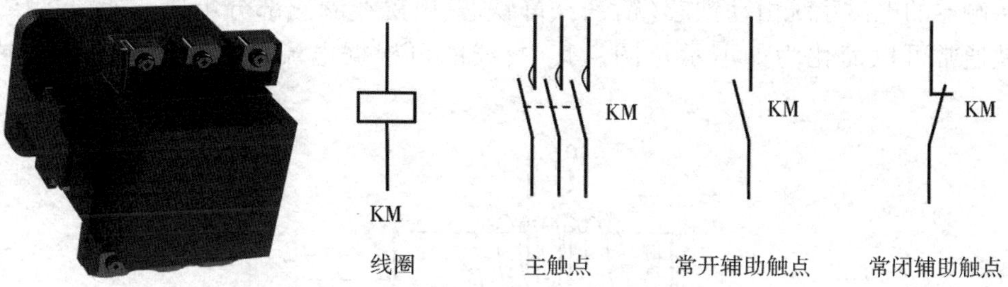


图 2-13　接触器及其图形符号

### 2.3.2　结构和工作原理

接触器主要由触点系统、线圈、电磁系统、保护系统、外壳等几个部分组成。其中，触点系统包括固定触点和动触点，以及弹簧和触点座。触点是接触器中实现电气连接和断开的核心部件，通常由导电性能良好的银合金或铜制成。线圈是接触器的电磁部件，由绕组和铁芯组成。线圈通电时产生电磁场，铁芯增强磁场强度并引导电磁力线。电磁系统主要由上、下磁极、动铁和固定铁芯等部分组成。线圈通电时产生的电磁力使动铁被吸引或排斥，从而影响触点的开闭状态。保护系统包括过载保护和短路保护，以保护电器设备不受损坏。接触器的外壳围绕线圈和触点，隔离关键部件，防止用户意外接触导电部件，并提供保护，防止过热、爆炸和环境危害（如灰尘和湿气等）。

如图 2-14 所示，接触器的工作原理基于电磁吸合的原理。当接触器线圈通电后，线圈电流产生磁场，这个磁场使静铁芯产生电磁吸力吸引动铁芯，并带动触点动作。常闭触点断开，常开触点闭合，两者联动，实现电路的闭合或断开。当线圈断电时，电磁吸力消失，衔铁在释放弹簧的作用下释放，使触点复原，常开触点断开，常闭触点闭合。接触器通过控制线圈电流的开闭状态来实现触点的闭合和断开，这种设计使得接触器能够承受较大的电流负载，同时保持可靠性和耐久性。接触器不仅能接通和切断电路，而且还具有低电压释放保护作用，适用于频繁操作和远距离控制。

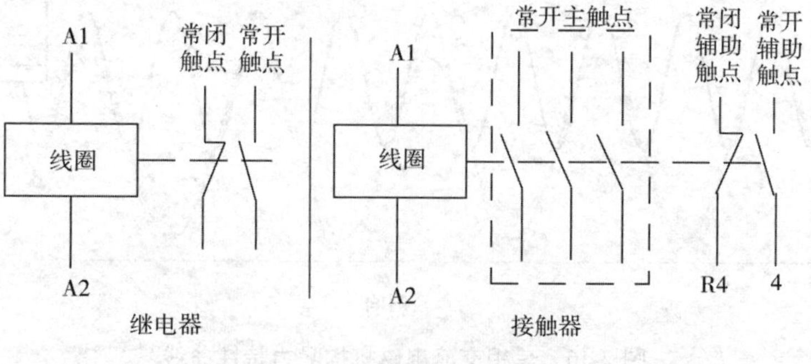


图 2-14　继电器与接触器异同

### 2.3.3 电磁系统

接触器的电磁系统由动铁芯(衔铁)、静铁芯、电磁线圈三部分组成。如图 2-15 所示，电磁铁通常可以简化为如下示意图。其中，线圈可根据电流类型分为直流线圈或交流线圈。

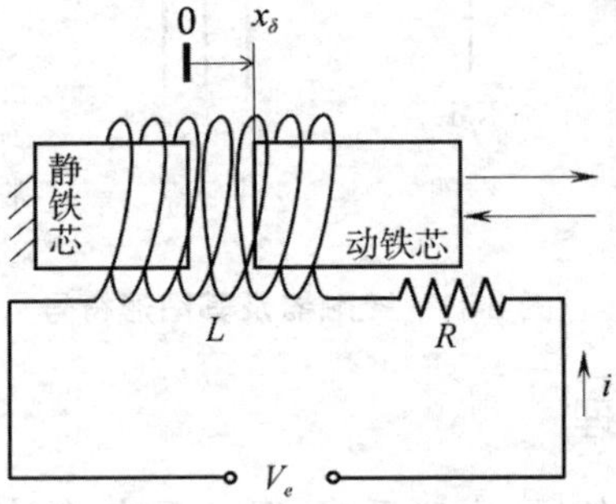


图 2-15 电磁铁原理图

(1)电磁机构的吸力特性

根据经典电磁学理论，对于 $N$ 匝电磁铁，在通过的电流为 $i$ 时，磁通链( $\psi$ )、磁通( $\Phi$ )和电感( $L$ )之间的本构关系是：

$$\psi = N\Phi = Li$$

根据磁路定律，磁通 $\Phi = iN/R_m \propto 1/R_m$，式中 $R_m$ 为气隙磁阻。电磁力 $F \propto \Phi^2 \propto 1/R_m^2 \propto 1/x_\delta^2$，即电磁力 $F$ 与气隙 $x_\delta$ 的平方成反比。

(2)交流激励下的电磁吸力特性

电磁机构的吸力特性反映了电磁吸力与气隙的关系。励磁电流的种类不同，其吸力特性也不一样，即交流和直流电磁机构的电磁吸力特性是不同的。当频率、匝数和外加电压都为常数时，磁通也为常数，此时电磁吸力为常数，即直流励磁时的情况，然而，当交流励磁时，电压、磁通都随时间做周期性变化，其电磁吸力也做周期性变化。交流电磁机构的吸力是一个两倍电源频率的周期性变量，其吸力特性曲线见图 2-16 所示。

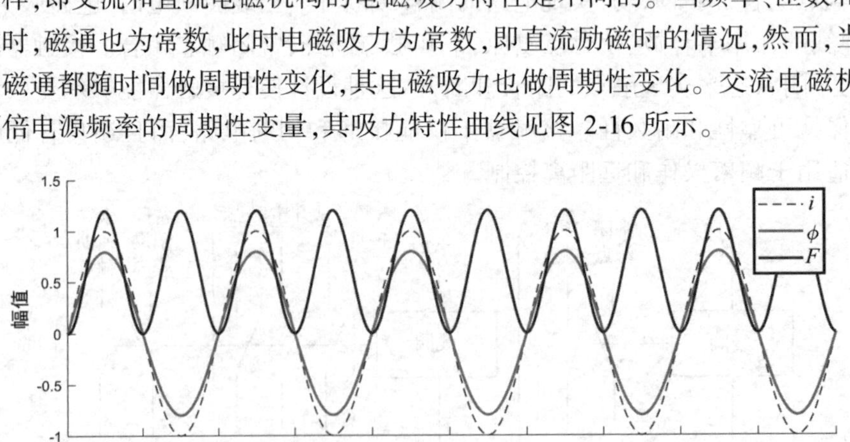


图 2-16 单相交流电磁机构吸力特性曲线

电磁机构在工作中，尽管电磁机构吸力的平均值大于复位弹簧反力，但有的时候电磁机构吸力小于复位弹簧反力，此时衔铁开始释放，当电磁机构吸力大于复位弹簧反力时，衔铁又被吸合。如此反复进行,衔铁必然产生振动和噪声。其解决方法:在单相交流电磁铁铁芯的端面嵌装一个自成回路的金属环,也称为分磁环或称短路环,如图 2-17 所示。为了避免衔铁振动,通常在铁芯端面上装一个用铜制成的分磁环或称短路环,短路环就像是一匝两端接在一起的线圈。短路环把电磁铁端面分成环内部分与环外部分两部分。短路环仅包围了主磁通的一部分。铁芯中有两个不同相位的磁通,电磁机构的总吸力将是环内部分与环外部分之和,只要合力始终大于反力,衔铁的振动现象就会消除。

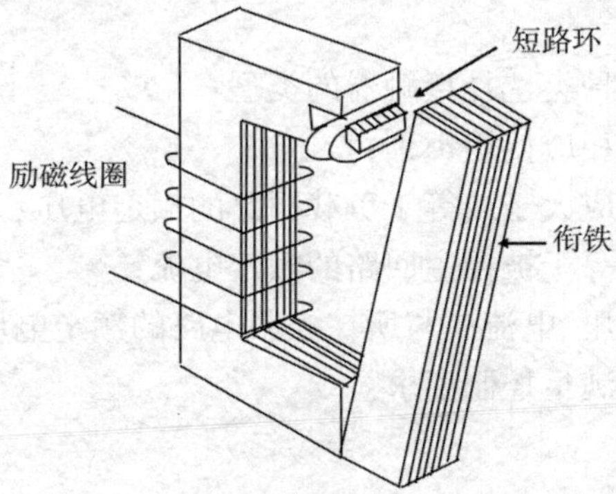


图 2-17　电磁机构噪声的解决方法

### 2.3.4　接触器的主要指标

接触器的主要指标是衡量其性能和适用性的关键参数。接触器上标示的额定工作电压是指其主触点的额定工作电压,即在规定条件下允许接触器主触点正常工作的电压值。一般交流接触器的额定工作电压主要有 110 V、220 V、380 V、500 V、660 V 等,直流接触器主要有 110 V、220 V、440 V、660 V 等。接触器上标示的额定工作电流是指其主触点的额定工作电流,即在规定条件下允许接触器主触点正常工作的电流值。一般接触器中常用的额定工作电流等级有 5 A、10 A、20 A、40 A、60 A、100 A、150 A、250 A、400 A 和 600 A。电磁线圈的额定电压:常用的交流电磁线圈额定电压有 36 V、110 V、220 V 和 380 V,直流电压有 24 V、48 V、110 V、220 V、440 V。

此外,为了确保性能可靠,在接触器选择时,一般还考虑如下指标。约定发热电流:在规定条件下试验时,在 8 h 工作制下,各部分温升不超过极限值时所承载的最大电流。动作值:动作值是指接触器的吸合电压和释放电压。规定接触器的吸合电压大于线圈额定电压的 85%时应可靠吸合,释放电压不高于线圈额定电压的 70%。接通与分断能力:接触器的接通与分断能力是指其能够可靠接通和分断的最大电流,包括正常工作电流和短路电流。电气寿命与机械寿命:电气寿命是指接触器在规定的负载条件下,能够可靠通断的次数;机械寿命是指接触器在规定的条件下,能够完成的操作次数。额定操作频率:接触器的额定操作频率是指每小时允许的操作次数,一般为 300 次/h、600 次/h 和 1 200 次/h。触点接触电阻:接触器在闭合状态下,触点之间的电阻值。这个值应尽可能小,以减少电路中的能量损失和温升。绝缘电阻和介电强度:绝缘电阻是指接触器各带电部分与地之间的电阻值,用于衡量接触器的绝缘性能;介电强度则是指接触器在规定的试验条件下,能够承受的最高电压而不发生击穿或闪络的能力。

### 2.3.5 接触器的使用选择原则

接触器是机电控制电路中的重要控制元件,实现对于电信号的远程传递,实现对于如三相异步电动机等动力输出单元的起停、可逆运行控制。因此,在电路的设计中,要根据实际情况分析,选择合适的接触器,避免出现过流、控制能力不足等问题。具体的选用原则如下:

(1)根据电负载电流的种类选择接触器的类型;

(2)根据负载性质选用相应使用类别;

(3)接触器的额定电压应大于或等于负载回路的额定电压;

(4)额定电流应大于或等于被控主回路的额定电流;

(5)吸引线圈的额定电压、电流应与所在控制电路的额定电压、电流等级一致;

(6)辅助触点数量应能满足控制要求;

(7)经济实用性。

## 2.4 控制继电器

### 2.4.1 概述

继电器一般按用途可分为控制继电器、保护继电器和中间继电器等;按输入参数可分为电流继电器、电压继电器、时间继电器、速度继电器、压力继电器等;按动作时间可分为瞬时继电器、延时继电器等;按照工作原理可分为电磁继电器与固态继电器。控制继电器是一种根据电量(电流、电压)或非电量(时间、速度、温度、压力)等参数的变化,自动接通和断开控制电路,以完成控制或保护任务的自动控制电器。在控制(小电流)电路中,实现控制、放大、联锁、保护和调节等功能。

### 2.4.2 电磁继电器

电磁继电器是一种利用电磁原理来实现电路控制的电器元件,它通过电磁铁的磁力来驱动机械触点的闭合或断开,从而实现对电路的控制。电磁继电器的核心部件是电磁铁,当电磁铁的线圈通电时,会产生磁场,吸引衔铁移动,进而带动触点的闭合或断开。当线圈断电时,磁场消失,衔铁在弹簧的作用下返回原位,触点随之断开,如图 2-18 所示。

电磁继电器结构组成包括:产生磁场、驱动衔铁移动的电磁铁,被电磁铁吸引,带动触点动作的衔铁,在断电时将衔铁拉回原位的弹簧,以及用于控制电路通断的常开触点和常闭触点等。由于机械部件的稳定性,电磁式继电器在正确使用和维护的情况下,可以提供高可靠性的操作,能够控制较大的电流和电压。相对于固态继电器,电磁继电器的响应速度较慢,但足以满足大多数工业和家用电器的需求。触点在断开时可以提供良好的电气隔

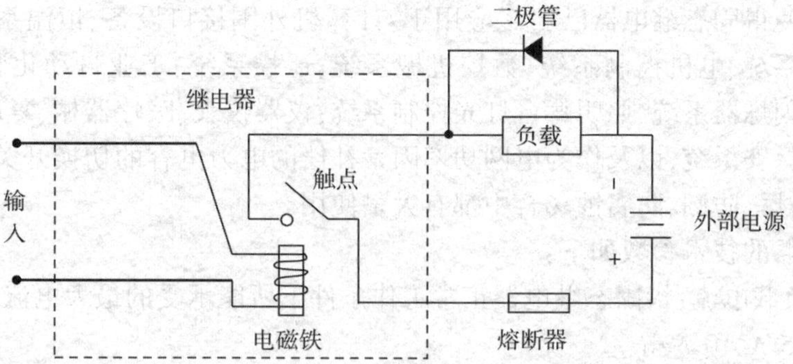


图 2-18　电磁继电器

离，减少电路间的干扰。电磁继电器因其结构简单、成本较低、控制可靠而被广泛使用，尽管在某些应用中正逐渐被固态继电器所取代，但在许多领域仍然是不可或缺的控制元件。

电磁继电器主要技术参数包括但不限于：

(1) 额定电压、电流；

(2) 调节范围：指控制继电器的吸合值(释放值)、整定值；

(3) 动作响应时间：普通继电器的动作响应时间为 0.05～0.15 s，快速继电器的动作响应时间为 0.005～0.05 s。

## 2.4.3　固态继电器

固态继电器(SSR)是一种全部由固态电子元件组成的新型无触点开关器件。如图 2-19 所示，固态继电器利用电子元件(如开关三极管、双向可控硅等半导体器件)的开关特性，实现无触点无火花地接通和断开电路的目的，是一种四端有源器件。其中两个端子为输入控制端，另外两个端子为输出受控端。SSR 既有放大驱动作用，又有隔离作用，适合驱动大功率开关式执行机构。

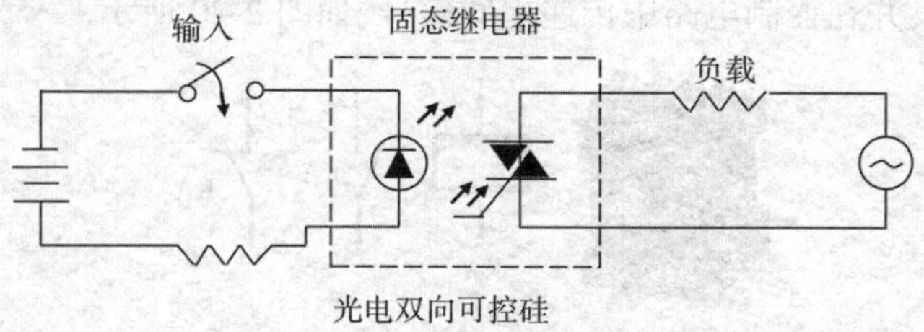


图 2-19　固态继电器

固态继电器内部无机械部件，结构上采用了灌注全密封方式，因此具有耐振、耐腐蚀、长寿命及高可靠性等优点。由于没有机械触点，固态继电器具有很高的开关速度和开关寿命，远高于机电继电器。同时，交流型 SSR 采用了过零触发技术，有效地降低了电压上升速率 $dv/dt$ 值和电流上升速率 $di/dt$ 值，使 SSR 长期工作时对市电的干扰极小。固态继电器与逻辑电路兼容，耐振、耐机械冲击，安装位置无限制，防潮、防霉、防腐蚀性能好；在防爆和防止臭氧污染方面的性能也极佳，输入功率小，灵敏度高；控制功率小，电磁兼容性好，噪声低和工作频率高。

上述优点使得固态继电器已广泛应用于:计算机外围接口设备、恒温系统、调温系统、电炉加温控制系统、电机控制系统、数控机械系统、遥控系统、工业自动化装置;信号灯系统、调光系统、闪烁器系统、照明舞台灯光控制系统;仪器仪表、医疗器械、复印机、自动洗衣机;自动消防,保安系统,以及作为电网功率因素补偿的电力电容的切换开关等。另外在化工、煤矿等需防爆、防潮、防腐蚀场合中都有大量使用。

固态继电器的技术参数如下:

(1)额定负载电流:指固态继电器正常工作条件下所能承受的最大电流,常见的额定负载电流有 2 A、5 A、10 A 等。

(2)输入控制电压:指控制固态继电器开关状态所需要的输入电压,常见的输入控制电压有 DC3~32 V、AC90~280 V 等。

(3)额定工作电流:指固态继电器在额定负载电流下的工作电流,通常以毫安(mA)为单位。

(4)额定输出电压:指固态继电器在额定负载电流下的输出电压,通常以伏特(V)为单位。

(5)触发电流:指固态继电器切换状态所需要的最小输入电流,通常以毫安(mA)为单位。

(6)绝缘电阻:指固态继电器在正常工作温度和相对湿度下,输入端与输出端之间的绝缘电阻,通常以兆欧(MΩ)为单位。

(7)工作温度范围:指固态继电器能正常工作的温度范围,常见的工作温度范围有-30 ℃到 80 ℃、-40 ℃到 100 ℃等。

### 2.4.4 常用继电器介绍

(1)中间继电器

中间继电器是一种在继电保护与自动控制系统中使用的电气开关设备,主要用于增加触点的数量及容量,并在控制电路中传递中间信号,如图 2-20 所示。

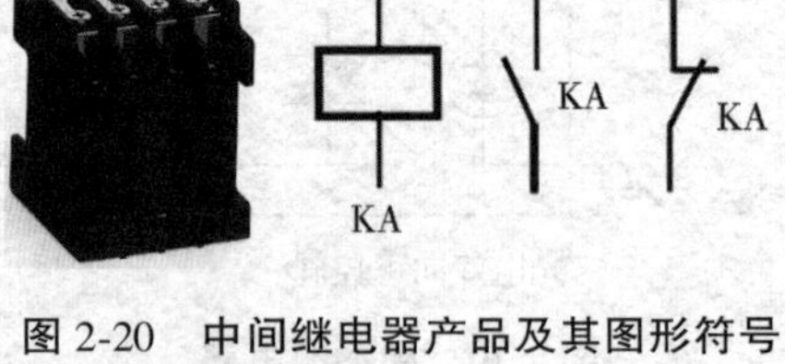


图 2-20 中间继电器产品及其图形符号

中间继电器和交流接触器的结构基本相同,主要由固定铁芯、动铁芯、弹簧、动触点、静触点、线圈、接线端子和外壳组成。线圈通电时,动铁芯在电磁力作用下动作吸合,带动动触点动作,使常闭触点分开,常开触点闭合;线圈断电时,动铁芯在弹簧的作用下带动动触点复位。

中间继电器采用了可靠的电磁吸合原理,能够在长期的工作中保持稳定的开关状态,不易受外界干扰。虽然中间继电器的触点容量相对较小(额定电流约为 5 A),但它能够承受较高的电流和电压,可以控制大功率设备的开关动作。中间继电器的控制信号可以通过较长的距离传输，使得控制系统更加灵活和方便。

(2)时间继电器

时间继电器用于以时间为函数的控制，如电动机起动过程控制。它们可以分为电磁式、空气阻尼式、电动式和电子式等，按延时方式可分为通电延时型和断电延时型，如图 2-21 所示。

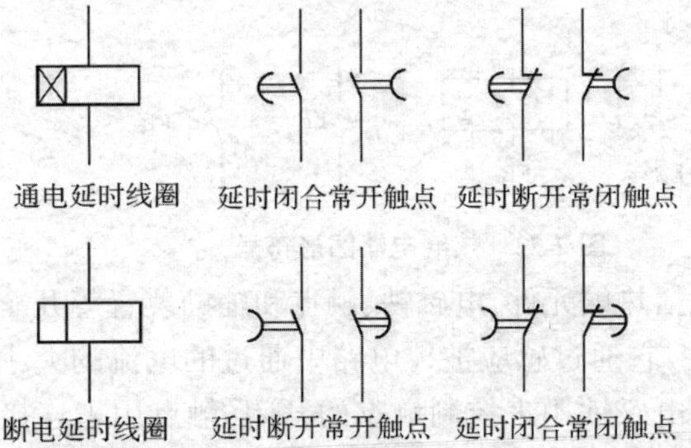


图 2-21　时间继电器图形符号

时间继电器的主要功能是在接收到控制信号后，经过预设的时间延迟，使输出电路发生明显变化或触点动作。它利用电磁原理或机械动作原理来延迟触头的闭合或分断。时间继电器可以是电子式的，也可以是机械式的，其中电子式时间继电器已成为主流产品，具有多种工作模式，可以实现长延时，并且延时精度高、体积小、调整方便，使用寿命长。

在选择时间继电器时，应注意以下技术参数：如工作电压或工作电流，吸合电压或电流、释放电压或电流等额定参数；有瞬时动作和延时动作两种动作时间；电磁式控制继电器一般都是可调的，其调整范围决定了继电器的灵敏度和动作的精确度。

(3)电压电流继电器

电压电流继电器的输入量是电压或电流，根据输入其值的大小而动作。如图 2-22 所示，其可以分为欠电压(电流)继电器和过电压(电流)继电器，用于欠电压(电流)保护或控制以及过电压(电流)保护或控制。电压继电器检测的是电路中的电压(电流)变化。当电压(电流)超过(或低于)某一整定值时，继电器动作，完成控制及保护作用。根据其工作原理，可分为电磁与固态式两种。

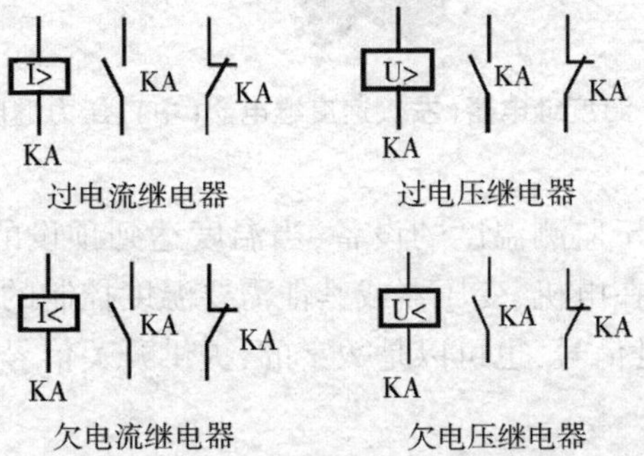


图 2-22　电压(电流)继电器图形符号

(4)热继电器

热继电器利用电流的热效应原理,对后级电路进行过载保护,常用于电机等设备的保护,如图 2-23 所示。热继电器利用电流的热效应原理工作。当电动机或电气设备出现过载时,流过热继电器的电流增加,导致热继电器内部的发热元件(通常是一个电阻丝)发热,进而使双金属片受热弯曲,推动动作机构,最终导致触点动作,从而断开电动机的控制电路,实现过载保护。

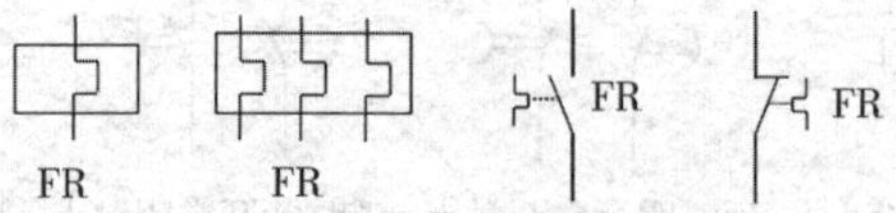


图 2-23 热继电器图形符号

热继电器的基本结构包括热敏元件、电磁铁、触点和辅助装置等几个部分。其中,热敏元件是热继电器的核心部件,它通过感应被控电路中通过的电流的大小,并根据电流大小的变化来改变自身的状态。电磁铁用来控制触点的开闭,触点用来连接或切断电路,辅助装置包括指示灯、报警装置等,用来提供额外的信息。

热继电器的技术参数包括:

额定电流:热继电器能够正常工作的最大电流值,一般以安培(A)为单位。

额定电压:热继电器能够正常工作的最大电压值,一般以伏特(V)为单位。

动作时间:热继电器从发热到触点动作的时间。

恢复时间:热继电器从触点动作到恢复原状态的时间。

### 2.4.5 其他继电器

机电系统设计过程中,也常用到如温度、速度以及压力等物理量进行控制,这时一般需要温度继电器、速度继电器与压力继电器等,如图 2-24 所示。

图 2-24 温度继电器(左)、速度继电器(中)、压力继电器(右)

(1)温度继电器

温度继电器是一种用于监测温度的设备,当温度达到预设的阈值时,它可以触发一个开关动作。它们通常安装在电机、变压器或其他需要温度控制的设备上。温度继电器可以是模拟的,提供连续的温度信号,也可以是数字的,提供开关信号。

(2)速度继电器

速度继电器是一种用于测量和控制旋转机械速度的电器装置,主要用于三相异步电动机反接制动的控制电路中,如图 2-25 所示。速度继电器的工作原理基于转速测量和比较的原理。其转子是一个永久磁铁，与电动机或机械轴连接，随着电动机旋转而旋转。转子的磁场与定子短路条相切割，产生感应电势及感应电流，这与电动机的工作原理相同，故定子随着转子转动起来。定子转动时带动杠杆，杠杆推动触点，使之闭合与分断。当电动机旋转方向改变时，继电器的转子与定子的转向也改变，这时定子就可以触动另外一组触点，使之分断与闭合。当电动机停止时，继电器的触点即恢复原来的静止状态。

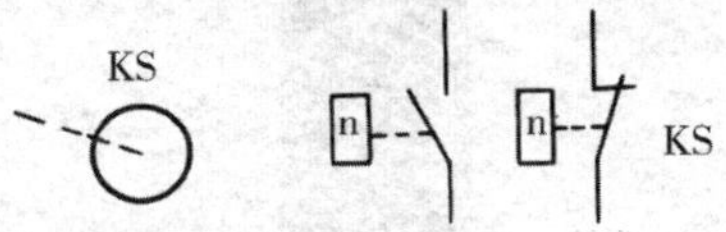


图 2-25　速度继电器图形符号

(3)压力继电器

压力继电器用于监测压力系统中的压力水平，当压力达到预设值时，继电器会发出信号或直接触发开关动作。它们可以用于工业过程控制系统、液压系统、气动系统和医疗设备中。压力继电器通常包括一个压力感应元件，一个比较电路，以及一个或多个输出继电器。

这些继电器都是自动化控制系统中的关键组件，它们可以独立工作或集成到更复杂的控制系统中，以确保设备和其工作过程的安全性和高效。

## 2.5　本章小结

本章介绍了开关电器、接触器、继电器等低压电器的作用、结构、工作原理；低压电器图形符号以及低压电器的使用和选择方法。

## 2.6　章节习题

1.断路器与刀闸开关相比有哪些优势？

2.时间继电器、热继电器、速度继电器的原理是什么？

3.为什么直流电磁铁用交流输入励磁会产生振动与噪声？

4.图 2-26 的元件是什么？

图 2-26　示例机电控制元件(1)

5.图 2-27 的元件是什么？

图 2-27　示例机电控制元件（2）

6.交流电磁铁和直流电磁铁的最大区别是什么？

7.FR 热继电器的功能是什么？

# 第3章

# 机电系统的传感器

## 3.1 概述

在工业自动化系统中，大量的不同种类的传感器时刻测量生产过程的各种状态，各种执行器对生产过程进行干预。如图3-1所示，可以将机电系统与人工系统进行类比。在人工系统中，操作员观察生产状态（眼睛），做决定（大脑），再用他的肢体对生产进行调整（肌肉、手脚），最终实现控制目标。对于自动化系统，传感器检测生产状态（CCD），控制器（PLC）利用逻辑程序对输入条件做出判断，并指导执行器做出生产调整（气缸、液缸等），最终达到控制目的。因此，必须充分了解各类传感器、控制器与执行器的工作原理与应用场合，以便更好地指导控制系统设计。

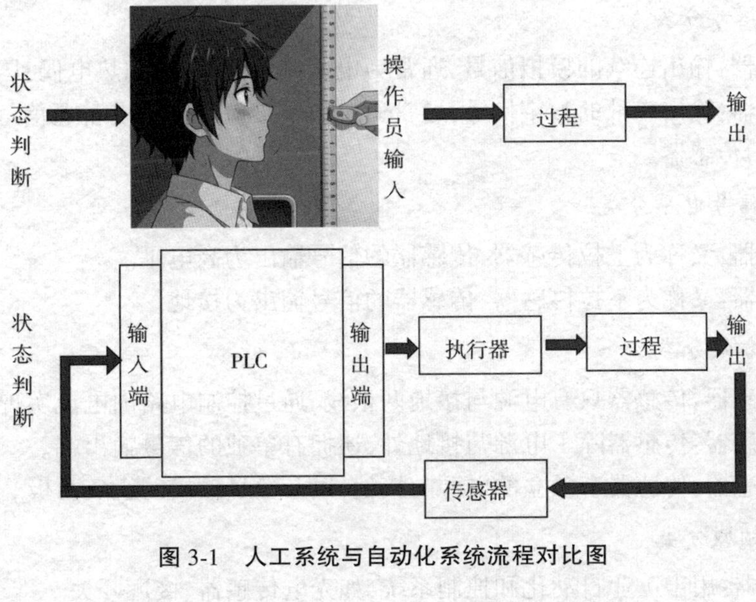


图3-1　人工系统与自动化系统流程对比图

## 3.2 传感器基本概念

### 3.2.1 常用传感器分类

传感器是一种能够检测和测量物理量(如温度、压力、光强度、声音、运动等)的设备,并将这些物理量转换为电信号或其他形式的输出,以便进行进一步的处理和分析。传感器在现代科技和工业应用中扮演着极其重要的角色,广泛应用于自动化控制系统、机器人技术、医疗设备、环境监测、汽车工业等领域。常用的传感器可依据不同特征进行分类:

1.按工作原理分类

主动传感器:主动传感器需要外部电源来工作,能够主动发出信号并接收反馈,如超声波传感器、红外传感器。

被动传感器:被动传感器不需要外部电源,直接响应外部环境的变化,如热电偶、光敏电阻。

2.按测量对象分类

温度传感器:用于测量温度,如热电偶、热敏电阻(NTC、PTC)。

压力传感器:用于测量气体或液体的压力,如压电传感器、应变式压力传感器。

位移传感器:用于测量物体位置或位移,如电位器、激光位移传感器。

流量传感器:用于测量流体流量,如涡轮流量计、电磁流量计。

湿度传感器:用于测量空气中的湿度,如电容式湿度传感器、阻抗式湿度传感器。

3.按输出信号分类

模拟传感器:输出连续的模拟信号,通常为电压或电流信号,如热电偶、压力传感器。

数字传感器:输出离散的数字信号,通常通过数字接口与其他设备通信,如数字温度传感器、数字压力传感器。

4.按输出信号电平分类

源型传感器:又称为上拉传感器,传感器的信号输出为高电平。

漏型传感器:又称为下拉传感器,传感器的信号输出为接地。

5.按接线方式分类

二线制传感器:传感器只有电源与接地两根线,通过控制电路内电流实现信号传递。

三线制传感器:传感器除了电源与接地外,还拥有单独的信号输出端。

四线制传感器:传感器有独立的电源与接地,以及信号输出的正负两极。

6.按应用领域分类

工业传感器:用于工业自动化和控制系统,如光电传感器、接近开关。

汽车传感器:用于汽车电子系统,如氧传感器、车速传感器。

环境传感器:用于监测环境参数,如空气质量传感器、气象传感器。

生物传感器:用于生物医学领域,如葡萄糖传感器、心率传感器。

7.按材料分类

金属传感器:使用金属材料制作的传感器,如热电偶。

半导体传感器:使用半导体材料制作的传感器,如温度传感器、压力传感器。

光学传感器:使用光学原理工作的传感器,如光电传感器、红外传感器。

### 3.2.2　漏型与源型传感器

漏型和源型传感器是两种常见的传感器电路连接方式,主要用于工业自动化和控制系统中。它们主要区别在于电气连接方式和信号处理方式。

1.漏型传感器(Sink Type Sensor)

漏型传感器是一种输出电压信号的传感器,其输出电压与被测量的物理量成反比。如图 3-2 所示,漏型传感器通常连接在电路的负极和地之间,输出电压从传感器流向地。常用于测量电压变化的传感器,如电容式传感器、压电式传感器等。一般来说,漏型传感器输出电压信号,信号幅度较小,传输距离有限。传感器本身提供电源,不需要外部电源供电。传感器输出电压与被测量的物理量成反比,需要进行信号反转处理。

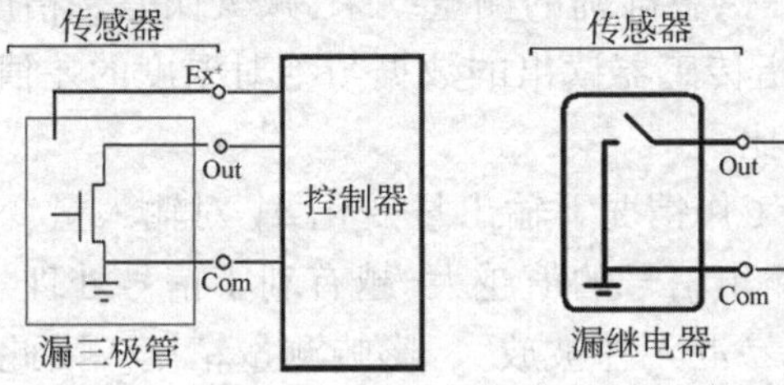


图 3-2　漏型传感器示意图($Ex^+$为正向激励)

2.源型传感器(Source Type Sensor)

源型传感器是一种输出电流信号的传感器,其输出电流与被测量的物理量成正比。如图 3-3 所示,源型传感器通常连接在电路的正极和地之间,输出电流流经传感器,然后返回到控制系统的输入端。常用于测量电阻变化的传感器,如电阻式传感器、热电偶等。一般来说,源型传感器输出电流信号,便于远距离传输和抗干扰。需要外部电源供电,传感器本身不提供电源。传感器输出电流与被测量的物理量成正比,易于信号处理。

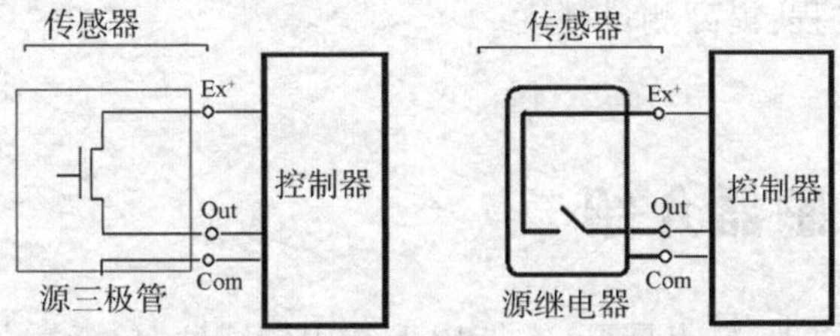


图 3-3　源型传感器示意图($Ex^+$为正向激励)

3.二者异同

(1)信号类型:源型传感器输出电流信号,漏型传感器输出电压信号。

(2)电源连接:源型传感器需要外部电源供电,漏型传感器本身提供电源。

(3)信号处理:源型传感器的信号处理相对简单,漏型传感器需要进行信号反转处理。

(4)应用范围:源型传感器常用于需要远距离传输和抗干扰的场合,漏型传感器常用于信号幅度较小的场合。

在实际应用中,选择源型传感器还是漏型传感器需要根据具体的测量需求、信号处理方式和系统设计来决定。例如,热电偶传感器,通过测量两种不同金属之间的热电势差来测量温度,输出电流信号,这就是源型传感器。又如,电容式液位传感器,通过测量液位变化引起的电容变化来测量液位,输出电压信号,根据定义,这就是典型的漏型传感器。

### 3.2.3 传感器的性能指标

传感器的性能可以通过多个参数来衡量,其中精度、灵敏度、分辨率和线性度是 4 个关键指标。这些参数共同决定了传感器的性能和适用性,对于不同的应用场景,这些参数的优化和控制至关重要。

精度是指传感器输出值与实际值(真值)之间的接近程度。它衡量了传感器输出值的准确性,高精度的传感器能够提供更准确的测量结果,减少误差。精度可以用绝对精度和相对精度来表示,绝对精度是指传感器读出的数据与绝对温度的差值,而相对精度则是指测量值与真值的差值与量程之比。

灵敏度是指传感器在稳态工作情况下输出量变化 $\Delta y$ 对输入量变化 $\Delta x$ 的比值。灵敏度越高,与被测量变化对应的输出信号的值越大,越有利于信号处理。但高灵敏度也意味着与被测量无关的外界噪声容易混入并被放大,影响测量精度。因此,传感器本身应具有较高的信噪比,以减少外界干扰。

分辨率是指传感器在规定测量范围内能够检测出的被测量的最小变化量。与分辨力不同,分辨率是以百分数的形式表示传感器的分辨能力,是相对数;而分辨力是一个具有单位的绝对数值。例如,某温度传感器的分辨力为 0.1 ℃,满量程为 500 ℃,则其分辨率为 0.1/500=0.02%。

线性度是指传感器输入量与输出量之间的静态特性曲线偏离直线的程度,也称为非线性误差。它表示传感器实际特性曲线与拟合直线(理论直线)之间的最大偏差与传感器量程范围内的输出之百分比。线性度越高,表明传感器的输出与输入之间的线性关系越好,有助于简化信号处理过程,提高测量精度。

## 3.3 常用传感器介绍

从输出信号类型、原理、特点展开,掌握以下常用传感器,包括霍尔元件、滑动电阻式位移传感器、LVDT、激光三角位移传感器、光栅尺、热电偶、压力传感器等。

### 3.3.1　霍尔元件

霍尔开关是一种利用霍尔效应(Hall effect)原理工作的传感器。霍尔效应是指当一块导体或半导体材料置于磁场中,且有电流通过它时,会在垂直于电流和磁场的方向上产生一个电势差。这个电势差称为霍尔电势差,其大小与磁场强度和电流成正比。因此,霍尔元件是一种基于霍尔效应的磁传感器,能够检测磁场及其变化,并在各种与磁场有关的场合中使用。

霍尔元件的工作原理基于霍尔效应,即当电流通过一个置于磁场中的导体时,在垂直于电流和磁场的方向上会产生一个电压差,这个电压差被称为霍尔电压。霍尔电压的大小与导体中的电流和导体所处磁场的强度成正比。

如图 3-4 所示,霍尔元件通常由霍尔片、3 根引线和壳体组成。霍尔片是一块矩形半导体单晶薄片,在其长度方向两侧端面上焊有控制电流端引线,在薄片的另两侧端面的中间对称地焊有霍尔输出引线。霍尔元件的壳体通常用非导磁金属、陶瓷或环氧树脂封装。霍尔元件可以用多种半导体材料制作,如 Ge(锗)、Si(硅)、InSb(锑化铟)、GaAs(砷化镓)、InAs(砷化铟)等。N 型半导体因其电子迁移率比空穴迁移率高,更适合于制造灵敏度高的霍尔元件。

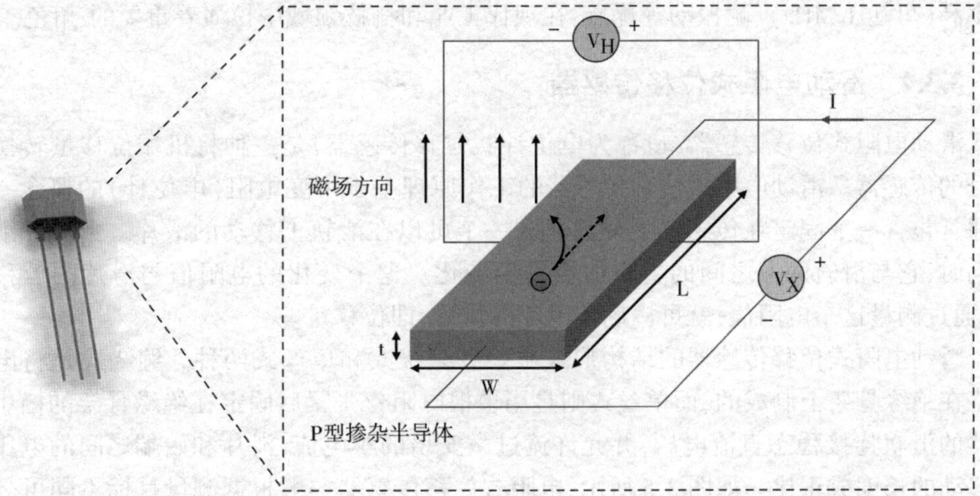


图 3-4　霍尔元件

霍尔元件分为线性与开关两种,线性霍尔元件和开关霍尔元件是两种不同类型的霍尔传感器。线性霍尔元件提供连续的模拟输出,适合于需要精确测量磁场强度的应用;而开关霍尔元件提供数字输出,适合于简单的存在/非存在检测。

(1)线性霍尔元件

线性霍尔元件是一种模拟信号输出的磁传感器,其输出电压随输入的磁力密度线性变化。这意味着线性霍尔元件能够提供与磁场强度成比例的电压输出,从而可以用于测量磁场的强度和方向。它们通常用于需要连续磁场测量的应用,如位置检测、速度测量和电流测量等。线性霍尔元件的电压输出会精确跟踪磁通密度的变化。在无磁场时,理论上输出电压等于电源电压的一半。增加南极磁场会增加输出电压,而增加北极磁场会减少输出电压。线性霍尔元件可以用于测量电流的角度、接近性、运动和磁通量,它们能够以磁力驱动的方式反映机械事件。线性霍尔元件能够直接检测受检测对象本身的磁场或磁特性,一般应用于调速,测电压、电流、功率、厚度、线圈匝数等。

(2)开关霍尔元件

开关霍尔元件是一种数字输出的磁传感器,它们在磁场达到预设的阈值时输出一个电平变化(通常是从高电平变为低电平或反之)。开关霍尔元件通常用于检测磁场的存在与否,如接近开关、位置开关等。开关型霍尔集成电路由霍尔元件、稳压电路、放大器、施密特触发器、OC 门等组成。当外加磁场强度超过预先设定的标准值时,输出电平发生变化。开关霍尔元件常用于需要二进制输出的场景,如检测门是否关闭、物体是否靠近等。开关霍尔元件具有锁定作用,即当磁极离开后,霍尔输出信号不发生改变,直到另一个磁极感应。它们也具有耐振动、抗干扰的能力,这取决于施密特触发电路的回差大小。

总的来说,霍尔元件的应用非常广泛,包括直接检测磁场或磁特性,如在工业自动化中可用于位置、速度等的检测和控制;在通信设备中用于信号的检测;在计算机硬盘驱动器中用于读取数据;在航天器中用于姿态控制和导航;用于测量血液流速的电磁流量计和输送血液的电磁泵,等等。霍尔元件因其结构牢固、体积小、重量轻、寿命长、安装方便、功耗小、频率高(可达 1 MHz)、耐振动等优点,在现代工业和科技领域中扮演着重要的 角色。

### 3.3.2 滑动电阻式位移传感器

滑动电阻式位移传感器,也称为电位计式位移传感器,是一种将机械位移量转换为电信号的传感器。滑动电阻式位移传感器的工作原理基于可变电阻(电位计)的概念。传感器通常包含一个固定在传感器上的滑轨和一个可以在滑轨上移动的滑片。当滑片沿滑轨移动时,它与滑轨两端之间的电阻值会发生变化。这个变化的电阻值与滑片的位移成正比,通过测量这个电阻值,就可以确定滑片的位置,即位移量。

滑动电阻式位移传感器的结构形式主要有缠绕式和单丝式两种。缠绕式是将电阻丝缠绕在绝缘骨架上制成的,而单丝式则是用单根电阻丝张紧后固定在绝缘骨架的槽中。传感器的滑轨连接稳态直流电压,并允许流过微安培的小电流,滑片和始端之间的电压与滑片移动的长度成正比。如图 3-5 所示,电阻式位移传感器一般根据测量目标不同可分为直线距离测量与角位移测量两类。

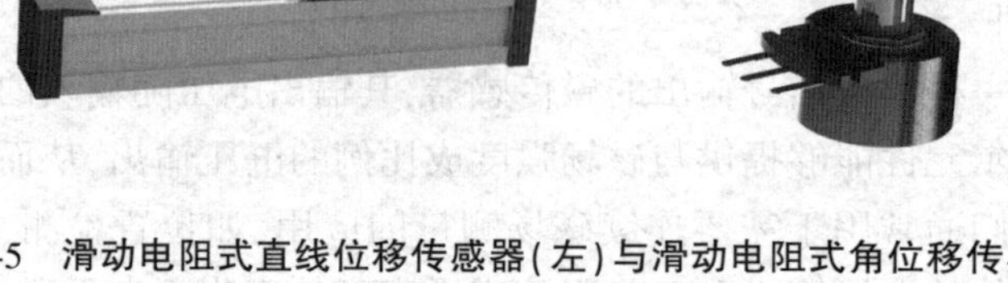

图 3-5 滑动电阻式直线位移传感器(左)与滑动电阻式角位移传感器(右)

滑动电阻式位移传感器广泛应用于需要精确位移测量的场合，如注塑机、纺织机械、木工机械等。它们可以用于测量直线机械位移量，并且由于其结构简单、使用方便、输出大、性能稳定等优点，被广泛使用。滑动电阻式位移传感器的主要缺点包括：由于触头运动时有机械摩擦，导致使用寿命受限、分辨率较低、输出信号噪声大，因此不宜用于频率较高时的动态测量。尽管如此，它们在许多工业和工程应用中仍然是一个可靠的选择。

### 3.3.3　线性可变差动变压器（LVDT）

LVDT 英文全称为“Linear Variable Differential Transformer”，是基于变压器原理的线性可变差动变压器。线性可变差动变压器是一种电感式传感器，广泛用于测量线性位移。如图 3-6 所示，LVDT 传感器的基本结构包括一个初级线圈、两个次级线圈和一个可移动的铁芯。当初级线圈通以交流电时，会在两个次级线圈中感应出电压。次级线圈通常被布置为对称的，且绕组方向相反，这样在铁芯处于中位时，两个次级线圈感应的电压相等且相位相反，输出电压为零。这就是所谓的“差动”原理。当铁芯移动时，靠近哪个次级线圈，该次级线圈的感应电压就会增加，而另一个次级线圈的感应电压则会减小。传感器的输出信号是两个次级线圈电压的差值，通过这个差值可以精确地反映铁芯的位移。

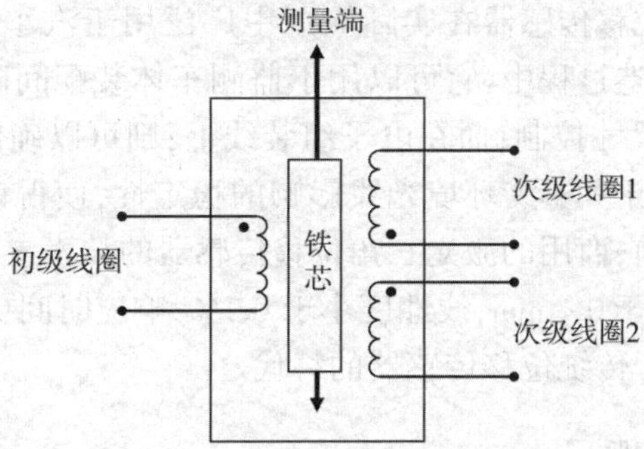


图 3-6　LVDT 实物图（左）与原理示意图（右）

LVDT 传感器可广泛应用于航空航天、机械、建筑、纺织、铁路、煤炭、冶金、塑料、化工以及科研院校等各个领域，用来测量伸长、振动、物体厚度、膨胀等的高技术产品。其具体应用包括轴径跳动检测、阀位检测与控制、机床及工具定位、液压缸定位、辊缝间隙控制、阀门位置检测与控制等。

LVDT 传感器原理直观、结构简单、工作可靠、使用寿命长；灵敏度高、线性范围宽、重复性好；分辨率高、应用广、适合于不同的应用；结构对称、零位可恢复；响应速度快，基于非接触测量的实现，对于某些快速运动物体的冲击振动测量，此类传感器可以提供很宽的频率响应。

### 3.3.4　激光三角位移传感器

激光三角位移传感器是一种利用激光技术进行非接触式测量的传感器，广泛应用于工业自动化、精密测量、机器人技术等领域。如图 3-7 所示,其工作原理基于光学三角测量法(余弦定理),通过测量激光束在被测物体表面的反射来确定物体的位置、形状和尺寸。当激光束照射到被测物体表面上时,它会被反射并进入传感器中的探测器。通过计算激光光束的入射角和反射角的差异,系统能够准确地计算出被测物体表面的位置或形状的变化。激光三角位移传感器通常包括 CMOS/CCD 或 PSD 检测器和固态激光光源。它们将激光束投射到被测目标上,然后该光束的一部分通过聚焦光学器件反射到检测器上。当目标移动时,激光束会在探测器上移动,检测器发送信号,用于测量与物体或目标的相对距离。

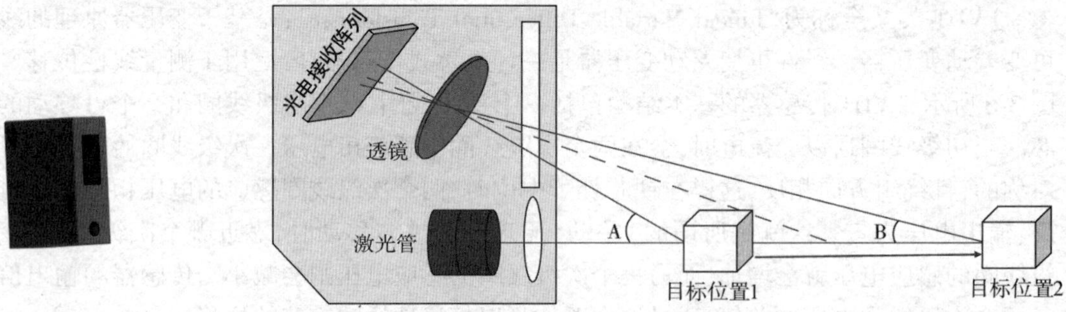


图 3-7 激光三角位移传感器工作原理

激光三角位移传感器在实际应用中广泛用于汽车制造、机械加工、电子组装等领域。例如,在汽车制造过程中,它可以用于监测车体装配间隙;在机械加工领域,可用于工具磨损检测和零件尺寸控制;而在电子组装线上,则可以确保元件放置的准确性和电路板的平整度。此外,由于其不受环境光线影响的稳定性,使得该传感器特别适合在多变的工业环境中使用。目前,商用的激光三角位移传感器的技术参数可达到 200~1 000 mm 的测量范围,重复精度小于 0.1 mm,线性度小于 0.1%,响应时间更是可达毫秒级,安装条件允许的场合已可实现对于传统位移传感器的替代。

### 3.3.5 光栅尺

光栅尺是一种高精度的测量仪器,广泛应用于工业和科学研究中。如图 3-8 所示,光栅尺的基本构成包括光栅和光电检测器。光栅由一系列平行的条纹组成,当光源照射到光栅上时,光会被反射或透射,形成特定的光学线条,光电检测器则将这些光信号转化为电信号。

光栅是光栅尺的核心部分,它由许多平行的条纹组成,这些条纹可以是透射光栅(光通过光栅)或反射光栅(光从光栅表面反射)。光栅上的条纹间距非常小,通常在微米级别。光电探测器用于检测经过光栅的光信号,并将其转换为电信号。信号处理电路将光电探测器产生的电信号转换为数字信号,并进行计数和处理。具体工作原理如下,首先,光源发出的光束照射到光栅上,光栅的条纹会导致光的衍射和干涉。其次,光电检测器接收经过光栅的光信号,并将其转化为电流,电流的强度与光的亮度成正比。电信号经过处理后,转换为数字信号,最终输出物理量的数值,如长度或位置。光栅尺的精度通常在±1 μm 至±15 μm 之间,具体取决于设计和制造工艺。分辨率则是指光栅尺能够检测到的最小位移量。

光栅尺在机械制造中常用于机床上测量零件的长度和位置,确保加工精度和质量;在

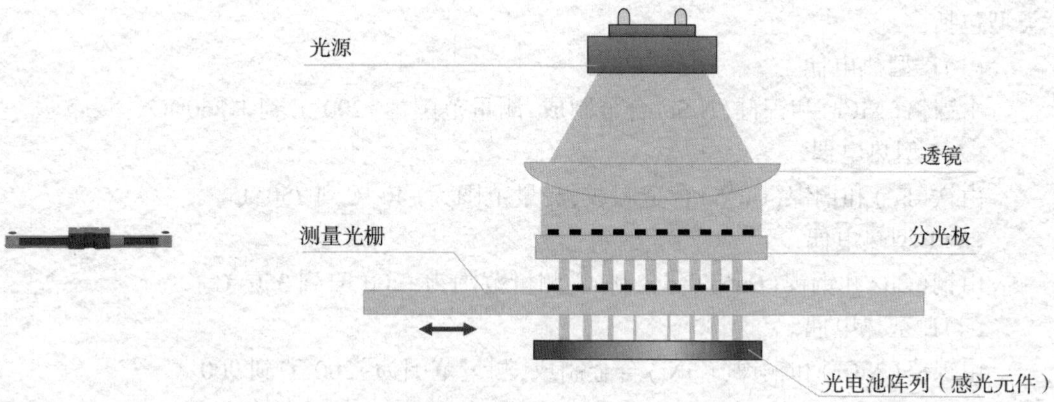


图 3-8　光栅尺及其工作原理

电子元件生产线上进行尺寸测量，提高生产效率和产品质量；在实验室中用于精确测量实验样品的尺寸和位置，帮助科学家研究物质的特性；在航空航天器的设计和制造中，确保飞行安全和性能。光栅尺因其高精度和可靠性，成为现代工业和科学研究中不可或缺的测量工具。

### 3.3.6　热电偶

热电偶是一种温度传感器，它利用两种不同金属或合金材料的接触点在温度差异下产生电动势（电压）的原理来测量温度。热电效应（塞贝克效应）是当有两种不同的导体或半导体 A 和 B 组成一个回路，并且它们的两端相互连接时，如果两结点处的温度不同，一端温度为 T（工作端或热端），另一端温度为 T0（自由端或冷端），那么在回路中将产生一个电动势。这个电动势的方向和大小与导体的材料及两接点的温度有关，这种现象称为"热电效应"，如图 3-9 所示。

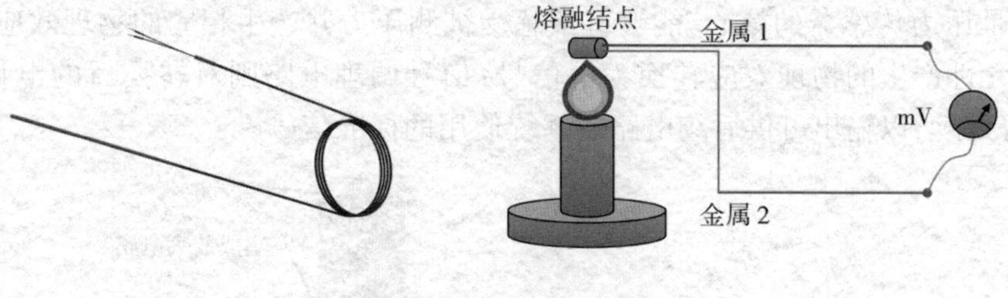


图 3-9　热电偶及其工作原理

热电偶由两种导体组成，称为"热电极"。这两种导体在一端焊接在一起，形成工作端（热端），而另一端（冷端）保持开路或连接到一个已知温度的参考点。热电动势由两部分组成，一部分是两种导体的接触电动势，另一部分是单一导体的温差电动势。热电偶回路中热电动势的大小，只与组成热电偶的导体材料和两接点的温度有关，而与热电偶的形状尺寸无关。当热电偶两电极材料固定后，热电动势便是两接点温度的函数差，即一定的热电动势对应着一定的温度。通过测量热电动势，就可以达到测温的目的。热电偶根据热电极材料的不同，可以分为多种类型，每种类型具有不同的温度测量范围和精度。其常见的类型包括：

(1) K 型热电偶

由镍铬(NiCr)和镍硅(NiSi)合金制成，测量范围为-200 ℃到 1 260 ℃。

(2) J 型热电偶

由铁(Fe)和铜镍(CuNi)合金制成，测量范围为-40 ℃到 750 ℃。

(3) T 型热电偶

由铜(Cu)和铜镍(CuNi)合金制成，测量范围为-200 ℃到 350 ℃。

(4) E 型热电偶

由镍铬(NiCr)和铜镍(CuNi)合金制成，测量范围为-200 ℃到 900 ℃。

(5) R 型和 S 型热电偶

由铂和铂铑合金制成，适用于高温测量，测量温度可达 1 800 ℃。

值得注意的是，热电偶的两种不同金属相接触，产生温差电动势，由于其输出为模拟电压，幅值在毫伏左右，需要放大电路，需要校正，还必须注意寄生效应。此外，在热电偶回路中接入第三种金属材料时，只要该材料两个接点的温度相同，热电偶所产生的热电势将保持不变，即不受第三种金属接入回路中的影响。因此，在热电偶测温时，可接入测量仪表，测得热电动势后，即可知道被测介质的温度。热电偶因其结构简单、制造方便、测量范围广、精度高、惯性小和输出信号便于远传等优点，在工业生产过程中被广泛用于温度的测量和控制。

### 3.3.7 压力传感器

压力传感器是一种将压力变化转换为电信号的设备，广泛应用于工业自动化、医疗设备、汽车工业、气象监测等领域。它们可以测量气体或液体的压力，并提供准确的压力读数。如图 3-10 所示，压力传感器通常由敏感元件、转换元件和信号调理电路三部分组成。敏感元件是压力传感器的核心，能够直接感受被测压力并产生相应的物理效应；转换元件则将敏感元件产生的物理效应转换为电信号；信号调理电路则对转换后的电信号进行放大、滤波等处理，以输出可供后续电路或系统使用的标准信号。

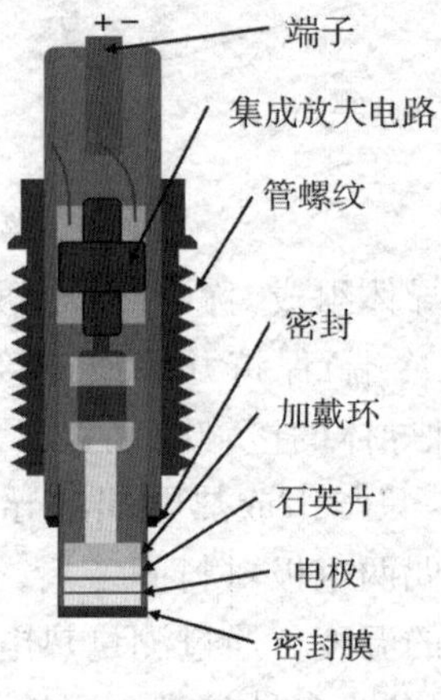


图 3-10 压力传感器及其工作原理图

压力传感器工作原理主要基于特定的物理效应，如电阻、电容、应变等，通过敏感元件将外界压力信号转化为电信号，再经过信号处理单元进行放大、滤波等处理，输出与输入与压力相关的电信号。金属薄膜压力传感器，由金属薄膜材料制成，通常为不锈钢或硅。当压力作用在金属薄膜上时，金属薄膜会产生弯曲或拉伸，从而改变电阻值。通过测量电阻值的变化，可以确定压力的大小；半导体压力传感器，利用半导体材料的电阻特性随压力变化而改变的原理来测量压力。半导体材料通常为硅或硅酸盐。当压力作用在半导体材料上时，半导体的电阻值会发生变化。通过测量电阻值的变化，可以得知压力的大小。电容式压力传感器利用电容值与感应元件间的距离成反比的原理来测量压力。感应元件通常为金属薄膜或陶瓷材料。当压力作用在感应元件上时，感应元件的形变会导致电容值的变化。通过测量电容值的变化，可以确定压力的大小；压电式压力传感器利用压电材料的压电效应进行工作。当压电材料受到压力作用时，其表面会产生电荷，电荷量与压力大小成正比。通过测量这一电荷量，即可得知被测压力的大小。

在实际应用中，压力传感器具有高精度、高可靠性、快速响应等优点，广泛应用于各种工业自动化和控制系统中，应用领域包括：工业自动化中用于监测和控制工业过程中的压力，如化工、石油和天然气。医疗设备中用于监测血压、呼吸压力等。汽车工业中用于监测轮胎压力、发动机压力等。气象监测中用于测量大气压力，预测天气变化。航空航天中用于监测飞机和航天器的内部压力。然而，如温度、湿度等环境因素可能会影响压力传感器的性能。在测量范围上，需要根据具体的应用选择合适的测量范围。传感器的长期稳定性和可靠性是关键，尤其是在恶劣环境下。在很多应用中，安全因素和成本效益是重要的考虑因素。

## 3.4　A/D 转换和 D/A 转换

### 3.4.1　A/D 转换

（1）基本概念

A/D 转换，即模数转换（Analog-to-Digital Conversion），是一种将模拟信号转换为数字信号的过程。这种转换在许多电子系统中非常关键，尤其是在需要将传感器的模拟输出信号转换为计算机可以处理的数字信号的场合，其元件符号如图 3-11 所示。

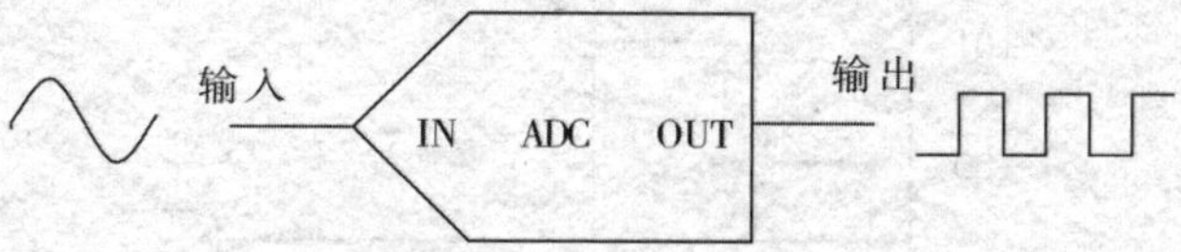


图 3-11　元件符号

A/D 转换的基本原理是在一系列选定的瞬间对模拟信号进行取样，然后将这些取样值转换成输出的数字量，并按一定的编码形式给出转换结果。整个 A/D 转换过程大致可分为取样、量化、矫正、编码 4 个过程，如图 3-12 所示。

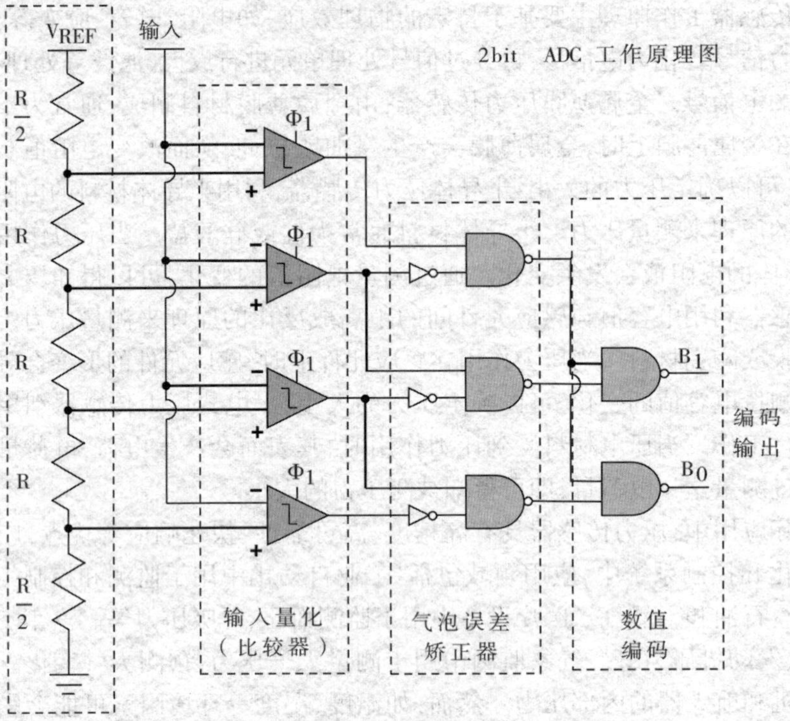


图 3-12 2bit 并行式 A/D 转换过程

1.取样(Sampling)

取样是 A/D 转换的第一步,它涉及在特定的时间间隔内测量模拟信号的幅度。这个过程需要满足奈奎斯特定理,即取样频率至少是信号最高频率的两倍,以避免混叠现象。

2.量化(Quantization)

量化是将取样得到的模拟信号值映射到数字信号的过程。由于数字信号只能在有限的离散值之间变化,因此需要将模拟信号的连续范围划分为若干个量化步长或区间。每个区间对应一个量化值,这个过程称为量化,如图 3-13 所示。

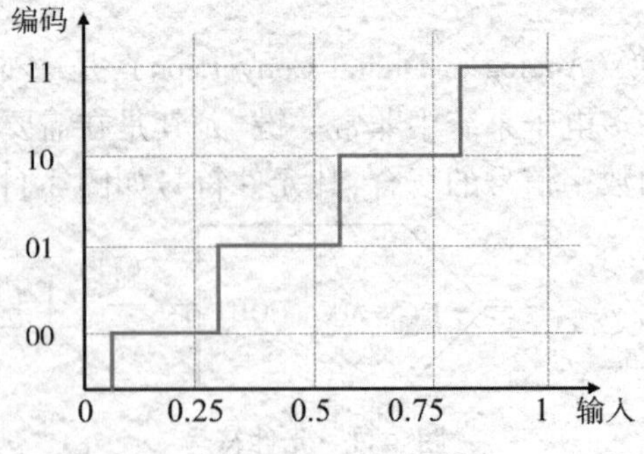


图 3-13 A/D 转换量化

3.编码(Encoding)

编码是将量化后的数值转换为二进制或其他编码形式的数字表示。最常见的编码形式是二进制编码,其中每个量化级别被分配一个唯一的二进制数。

在 A/D 转换过程中,取样—保持电路的作用是在特定的瞬间"冻结"模拟信号的值,以便进行后续的转换。当取样控制信号为高电平时,输入信号经电阻和 MOS 管向电容充电,充电结束后,电容上的电压等于输入信号的电压。当取样控制信号返回低电平后,MOS 管截止,电容上的电压在一段时间内基本保持不变,从而保存了取样结果。

(2)分类

A/D 转换器有多种类型,包括逐次逼近 A/D 转换器、双斜率 A/D 转换器、积分型 A/D 转换器以及并行(或 Flash)A/D 转换器。

a.逐次逼近 A/D 转换器

逐次逼近 A/D 转换器通过逐次逼近的方式,比较输入信号与参考电压,直到找到最接近的量化级别。它通常包含一个 DAC(数字到模拟转换器)用于生成参考电压,和一个比较器用于比较输入信号和 DAC 输出。

b.双斜率 A/D 转换器

双斜率 A/D 转换器使用一个计数器和一个比较器。首先,它使用一个固定的时钟频率递增计数器,直到 DAC 输出超过输入信号,然后计数器递减。最终的数字输出是递增和递减过程中的计数器值的差值。

c.积分型 A/D 转换器

积分型 A/D 转换器通过比较输入信号和 DAC 输出的积分值来工作。当积分器的输出超过输入信号时,计数器增加,否则保持不变。最终的输出是计数器的值。

d.并行(或 Flash)A/D 转换器

并行(或 Flash)A/D 转换器使用多个比较器,每个比较器对应一个量化级别。所有比较器并行工作,输出一个数字代码,直接表示输入信号的量化级别。并行(或 Flash)A/D 转换器由电压比较器、寄存器和代码转换电路三部分组成。输入为一定范围内的模拟电压,输出为二进制数码。这种转换器能够快速比较输入电压与一系列参考电压,并确定输入电压对应的数字代码。

(3)参数计算

模拟信号首先被采样,即在特定的时间间隔内测量信号的幅度。采样频率应高于信号的最高频率的两倍,以满足奈奎斯特准则,避免混叠现象。采样得到的模拟值被量化,即映射到有限数量的离散数值。量化的精度取决于 A/D 转换器的位数,例如 8 位、12 位或 16 位。量化后的数值被编码成数字形式,通常是二进制数。

满量程电压范围是指 A/D 转换器能够处理的模拟信号的最大电压范围。这个范围取决于 A/D 转换器的设计和应用需求。例如,单极性输入 A/D 转换器通常以 0 V 为基准,可以处理从 0 V 到一个正的最大电压值,例如 0~10 V。在这种情况下,满量程电压范围就是 10 V。双极性 A/D 转换器可以处理从负电压到正电压的范围,例如从-10 V 到 10 V。在这种情况下,满量程电压范围是从-10 V 到 10 V。

分辨率与满量程电压的关系：A/D 转换器的分辨率决定了它能够区分的最小电压变化量。例如，对于一个 12 位的 A/D 转换器，如果满量程电压是 12 V，那么它的分辨率大约是 12 V/4 096($2^{12}$)，大约是 0.002 93 V 或 2.93 mV。

**例题：**

已知位移传感器为±10 V 输出，求在 8 位 ADC 芯片处理后的电压分辨率。如果位移传感器量程是±25 mm，那么读数精度是多少？

**解：**

满量程电压范围 $E_{fsr}=10-(-10)=20V$

离散电压间隔数 $N=2^8=256$

电压精度 $Q_U=E_{fsr}/N=20/256=0.078$ V

位移读数精度 $Q_D=D_{fsr}/N=50/256=0.195$ mm

### 3.4.2 D/A 转换

(1)基本概念

D/A 转换，即数字信号到模拟信号的转换(Digital-to-Analog Conversion)，是将数字世界中的数值数据转换为模拟世界中的连续信号的过程。这种转换在许多应用中都非常重要，比如音频播放、视频显示、控制系统等。如图 3-14 所示，D/A 转换器接收数字信号(通常是二进制形式)作为输入，并产生一个与这些数字值成比例的模拟电压或电流输出。转换过程涉及两个主要步骤：量化和重建。

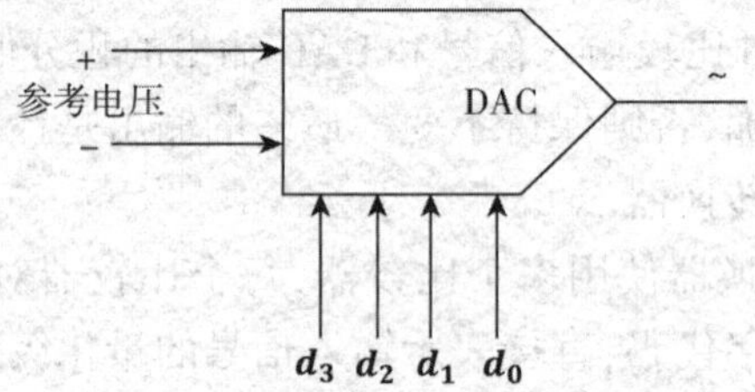


图 3-14　元件符号

1.量化(Quantization)

量化是将数字信号的离散值映射到模拟信号的特定电平上。D/A 转换器的分辨率决定了它可以产生的不同电平的数量，通常以位数(bit)来表示。例如，一个 8 位的 D/A 转换器可以产生 2 的 8 次方 256 个不同的电平。

2.重建(Reconstruction)

重建是指在输出端通过模拟滤波器去除数字信号的高频分量，以生成平滑的模拟信号，如图 3-15 所示。这是因为数字信号本质上是由一系列离散的阶梯函数组成的，而模拟信号需要是连续的。

(2)分类

D/A 转换器有直接(或逐次逼近)D/A 转换器、R-2R 梯形网络 D/A 转换器、双极性 D/A 转换器、电流输出 D/A 转换器等不同类型：

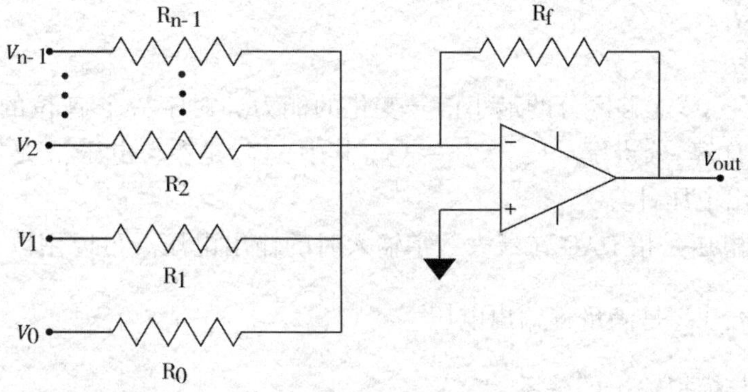


图 3-15　D/A 转换示意图

a.逐次逼近 D/A 转换器

逐次逼近 D/A 转换器通过逐位调整输出电压来逼近期望的模拟值。它通常包含一个数字到模拟转换的网络,如电阻网络和一个比较器。

b. R-2R 梯形网络 D/A 转换器

R-2R 梯形网络 D/A 转换器使用一个由电阻构成的网络,其中电阻值通常为 $R$ 和 $2R$。这种网络结构简单、成本低,是实现 D/A 转换的常见方法。

c.双极性 D/A 转换器

双极性 D/A 转换器可以产生正负输出电压。这种转换器通常包含两个单极性 D/A 转换器,一个用于正半轴,另一个用于负半轴。

d.电流输出 D/A 转换器

电流输出 D/A 转换器不产生电压输出,而是产生电流输出。这种类型的转换器在需要精确控制电流的应用中非常有用。

D/A 转换器的分辨率表示转换器可以产生的不同电平的数量,通常以位表示。精度代表输出模拟信号与理想模拟信号之间的差异,如图 3-16 所示。线性度表征输出信号的线性程度,即输出信号与输入数字信号之间的线性关系。建立时间展示了从数字输入改变到输出稳定在新电平所需的时间。

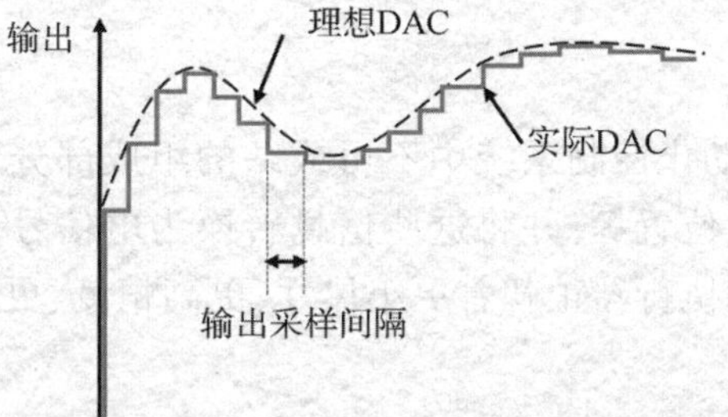


图 3-16　理想与实际 DAC 输出差异

(3)参数计算

a.分辨率计算

分辨率是指 DAC 能够区分的最小信号变化的能力。对于一个 N 位的 DAC,其分辨率可以用以下公式计算:分辨率= $V_{ref}/(2^n-1)$ ,其中, $V_{ref}$ 是参考电压,$n$ 是 DAC 的位数。

b.满量程输出电压计算

满量程输出电压是指 DAC 在最大数字输入时的输出电压。可以用以下公式计算: $V_{FS}=\frac{V_{ref}\ 2^n-1}{2^n-1}$ 其中, $V_{FS}$ 是满量程输出电压。

c.数字输入与模拟输出的关系

给定一个特定的数字输入值 D,其对应的模拟输出电压 $V_{out}$ 可以用以下公式计算: $V_{out}=DV_{ref}/(2^n-1)$ ,其中,D 是数字输入值。

d.量化步长

量化步长是指相邻两个数字输入值之间的电压差。可以用以下公式计算:量化步长= $V_{ref}/(2^n-1)$ 。

e.量化误差

量化误差是指实际模拟信号与 DAC 输出信号之间的差异。量化误差可以用以下公式计算:量化误差= $V_a/2^n$ 。其中, $V_a$ 是模拟信号的最大值和最小值之间的差。

f.线性度和精度

线性度和精度是衡量 DAC 性能的重要参数,通常通过积分非线性(INL)和差分非线性(DNL)来衡量。这些参数通常需要通过实验测量得到,但也可以用以下公式进行理论计算:

积分非线性(INL):INL=( $V_{理想}$ 8 1 1 $V_{实际}$ 6 )/ $V_{LSB}$ 3 1

差分非线性(DNL):DNL= $V_{步长差}/V_{LSB}$ 。其中, $V_{理想}$ 是理想输出电压, $V_{实际}$ 是实际输出电压, $V_{步长差}$ 是相邻两步的输出电压差, $V_{LSB}$ 是最小有效位电压。

## 3.5 本章小结

传感器和执行器是自动化控制系统中不可或缺的组成部分。传感器负责检测和测量各种物理量,如温度、压力、位置等,并将这些信息转换为电信号,供控制系统分析和处理。随着技术的发展,传感器和执行器正朝着更小尺寸、更高精度、更低功耗和更高集成度的方向发展。

## 3.6 章节习题

1.能举出哪些接触式与非接触式传感器?

2.什么是传感器的寄生效应,能否举例?

3.什么是 A/D、D/A 转换?转换器的位数有什么影响?

4.16 位 ADC 芯片,离散电压间隔数是多少?

5.已知称重(压力)传感器为-5 V~+5 V 输出,力量程是 0~500 N,使用 8 位-5 V~+5 V ADC 芯片的测力精度是多少?

# 第4章

# 机电系统的执行器

## 4.1 执行器概述

### 4.1.1 执行器基本概念

执行器是一种机电一体化的装置，主要用于机械设备、工业自动化等领域中，用于控制机械的运动、位置和力量等参数，是自动化控制系统中的重要组成部分。执行器是将动力源和机械零件组合起来，进行机械操作的装置。它能够将电能转化为机械能，如驱动阀门或执行器进行开启、关闭、调节等动作。执行器广泛应用于机床、工业机器人、自动化生产线、冶金、化工、塑料、制药、食品、纺织、印刷、包装、玻璃、木工、建筑、航空航天、轨道交通等各个领域。

执行器可以接收控制器送来的控制信号，将电机等的旋转运动转换为直线运动、摆动运动、正交运动、旋转运动和螺旋运动等，进而改变被控介质的大小，从而将被控变量维持在所要求的数值上或一定的范围内。执行器在现代工业自动化和智能制造中扮演着不可或缺的角色，通过精确控制机械设备的运动和力量，提高生产效率和产品质量。

### 4.1.2 执行器分类

执行器按其能源形式可分为气动执行器、液压执行器、电动执行器三大类。

气动执行器：利用压缩空气作为动力源，将空气的压力转化为机械能，适用于高频率、高速度、高精度的控制系统。液压执行器：利用液压油作为动力源，将液压油的压力转化为机械能，适用于大功率、大扭矩、大载荷的控制系统。电动执行器：通过电机将电能转化为机械能，驱动阀门或执行器进行开启、关闭、调节等动作。

执行器按照运动方式分类，主要可以分为直线运动执行器、旋转运动执行器、摆动运动执行器、正交运动执行器、复合运动执行器、步进运动执行器、连续运动执行器、比例/伺服运动执行器、开关式执行器、力控制执行器等几种类型。

直线运动执行器的输出是直线运动,通常用于推动、拉动或移动物体。电动直线执行器(电动推杆)和气动或液压缸是这类执行器的典型代表。旋转运动执行器产生旋转运动,常用于旋转阀门、开关、门等。电动旋转运动执行器(如伺服电机、步进电机)和气动或液压马达是这类执行器的常见形式。摆动运动执行器产生往复摆动的运动,常用于需要往复运动的场合,如摆动门、摆动臂等。气动或液压摆动缸是这类执行器的典型例子。正交运动执行器可以产生垂直于直线运动方向的力,这种执行器在特定的机械臂和机器人关节中比较常见。这类执行器能够产生多种运动方式的组合,例如同时具有旋转和直线运动的能力,或者能够实现多自由度的运动。步进运动执行器通过控制步进电机的步进角度来实现精确的位置控制,常用于需要精确定位的场合。这类执行器能够产生连续的、平滑的运动,如伺服电机,它们可以用于需要精确速度和位置控制的应用。比例/伺服运动执行器能够根据输入信号精确控制输出的位置、速度或力,常用于需要高精度控制的场合。开关式执行器通常用于简单的开/关控制,如电磁阀,它们不提供中间位置或连续控制。力控制执行器用于控制施加在物体上的力,而不仅仅是位置或运动,常见于机器人手臂和精密夹持装置。

### 4.1.3　执行器性能指标

执行器的主要性能指标包括以下几个方面,如表 4-1 所示,是评估执行器性能和选择合适执行器的重要依据。

表 4-1　执行器的主要性能指标

| 指标名称 | 含义 |
|---|---|
| 输出位移形式 | 执行器按输出位移的形式可以分为转角型、直线型或摆动型等 |
| 动作规律 | 执行器按动作规律可分为开关型、积分型和比例型 3 类 |
| 输入控制信号 | 执行器按输入控制信号可以分为可以输入空气压力信号、直流电流信号、电接点通断信号、脉冲信号等几类 |
| 力矩保护 | 电动执行机构具有结构简单、性能可靠的力矩保护装置,执行机构过力矩时,自动切断电机电源,并发出过力矩报警信号 |
| 开度及限位装置 | 电动执行机构的开度及开、关限位装置可靠,保证无过开、过关现象,开度标志明显,开关无空程,并保证开度指示与阀门开度位置一致 |
| 无源干接点输出信号 | 电动执行机构能输出带光电隔离的、无源的开到位、关到位、开力矩、关力矩、就地、远程、综合报警等无源干接点输出信号,开关触点容量为 AC220 V 5 A |
| 手轮及手/自动切换机构 | 电动执行机构应配置手轮及手/自动切换机构 |
| 电机特性 | 电动执行机构电机应具有良好的伺服特性,具有高启动转矩倍数、低启动电流和小的转动惯量,并具有电机过热保护及相序检测功能 |
| 电制动功能 | 电动执行机构具有可靠的电制动功能,以防止电动机惰走 |

续表

| 指标名称 | 含义 |
| --- | --- |
| 动作寿命次数 | 在保持两个方向的输出力矩或推力能力的情况下，启闭操作的启闭次数应不低于 $N$ 次 |
| 智能功能 | 电动执行机构应具有智能功能，方便参数的调整，轻松实现开关正反模式转换、零满位的设定、死区及制动效果的调整。可对电动执行机构进行远距离控制或就地操作，实现人机对话功能 |

## 4.2 电磁执行器

### 4.2.1 电动机

电动机是一种将电能转换为机械能的电气设备，广泛应用于工业、商业和家庭中，用于驱动各种机械设备和工具。电动机的工作原理基于电磁感应和电磁力。如图 4-1 所示，电动机通常由定子（静止部分）和转子（旋转部分）组成。定子通常包含线圈，而转子可以是永磁体或带有线圈的电枢。当电流通过电动机的线圈时，会产生磁场，这个磁场与电动机的永磁体或另一个磁场相互作用，产生转矩，使电动机的转子旋转。其主要技术指标包括功率、扭矩、转速、效率、工作电压和电流。电动机在各种工业设备、家用电器、电动汽车、工业自动化、机器人技术等领域都有广泛的应用。电动机可以通过各种方式进行控制，包括直接起动、星—三角起动、变频起动等，以适应不同的应用需求。

图 4-1　电动机及其图形符号

电动机分类如下：

直流电动机（DC Motor）：使用直流电源供电，具有较好的启动扭矩和调速性能。

交流电动机（AC Motor）：使用交流电源供电，根据其构造和工作原理，又可以分为感应电动机（如笼型和绕线转子）、同步电动机等。

步进电动机（Stepper Motor）：能够实现精确控制角度和速度的电动机，常用于需要精确定位的场合。

伺服电动机（Servo Motor）：具有高精度和快速响应的电动机，通常与伺服驱动器和反馈装置（如编码器）一起使用，用于精确控制。

电动机的维护相对简单，但需要定期检查和更换轴承、清理灰尘、检查线圈绝缘等。高效率电动机可以减少能源消耗，降低运行成本。电动机的选择和设计需要根据具体的应用需求,考虑功率、扭矩、速度、效率和成本等因素。随着技术的发展,电动机正变得越来越高效和智能化,以满足日益增长的工业和生活需求。

### 4.2.2　直线电机

直线电机是一种将电能直接转换为直线运动的电动机,与传统的旋转电机相比,它不需要通过机械传动机构(如齿轮、皮带或链条)来转换运动。这种直接驱动方式使得直线电机在许多应用中具有显著的优势。直线电机的工作原理基于洛伦兹力定律,即当电流通过导体并置于磁场中时,导体会受到一个垂直于电流和磁场方向的力。在直线电机中,这种力直接产生直线运动。如图 4-2 所示,直线电机主要结构包括:

初级部分:通常固定在机器的框架上,包含绕组和磁路。

次级部分:可以移动,通常包含永磁体或导体。

力的产生:当电流通过初级绕组时,会在次级部分产生磁场,根据洛伦兹力定律,次级部分会受到一个力,推动其沿直线方向移动。

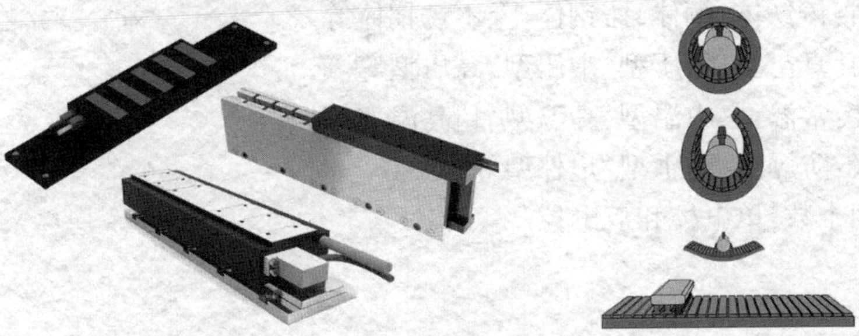

图 4-2　直线电机实物与示意图

### 4.2.3　电磁阀

电磁阀的工作原理主要是利用电磁力控制阀芯的开关,从而实现流体的控制。其结构一般由电磁铁、阀体、阀芯等部分组成。电磁阀的基本结构包括一个或几个孔的阀体,由滑阀芯、滑阀套、弹簧底座等组成,电磁部件由固定铁芯、动铁芯、线圈等部件组成。动铁芯的运转将导致流体通过阀体或切断。当电磁铁通电时,产生磁场吸引阀芯,使阀芯与阀座相连,流体得以通路;当电磁铁断电时,磁场消失,阀芯受到弹簧压力将会回到初始位置,从而切断流体通路。通过控制电磁铁的通断,可以实现对流体的开关和调节,电磁阀及工作原理如图 4-3 所示。

电磁阀的主要技术性能指标包括:

工作压差:电磁阀入口与出口之间的压力差,是反映电磁阀正常可靠动作的基本性能指标之一。泄漏量:在规定的试验条件下,试验液体通过阀腔和当电磁阀处在关闭位置时的泄漏量大小,直接影响电磁阀动作的可靠性。线圈升温:线圈通电后会产生热效应,导致线圈升温,影响电磁线圈的绝缘性能和电磁阀动作的可靠性。

电磁阀可以按照不同的标准进行分类:

按介质及使用工况:液用电磁阀、气用电磁阀、蒸汽电磁阀等。

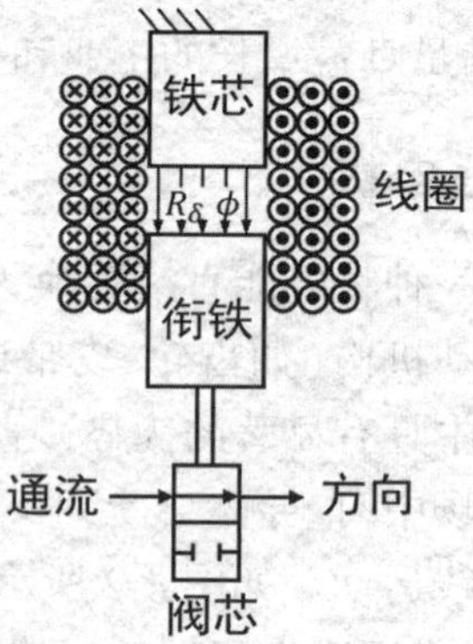


图 4-3 电磁阀及工作原理

按内部结构:先导式、直动式、复合式、反冲式等。

按使用材质:铸铁体、铜体、铸钢体、全不锈钢体等。

按介质压力:真空型、低压型、中压型、高压型等。

按介质温度:常温型、中温型、高温型、超高温型等。

按防护等级:防爆型、防水型、户外型等。

按电磁线圈个数:单电控和双电控。

## 4.3 流体动力执行器

### 4.3.1 流体传动系统概述

流体传动系统是一种利用流体(如油、水或其他液体)作为工作介质来传递能量和运动的系统。这种系统广泛应用于工业、航空、汽车、船舶和许多其他领域,其能够提供精确的控制、大范围的力和扭矩输出以及良好的动态响应。流体传动系统通过改变流体的压力、流量和方向来控制执行器(如液压缸或马达)的运动和力输出。流体传动系统通常包括一个或多个泵来提供流体压力,控制阀来调节流体流向和压力,以及执行器来将流体能量转换为机械能。

按照工作介质,其一般可分为液压系统与气动系统两种类型:

液压系统:使用油或其他不可压缩液体作为工作介质。

气动系统:使用压缩空气作为工作介质,通常用于较低压力和较小力的应用。

流体传动系统优点包括:可以提供大范围的力和扭矩输出;响应速度快,可以实现精确控制;系统可以设计得紧凑且高效;可以远程操作且易于实现自动化。然而,这类系统需要定期维护,如更换密封件和过滤器;泄漏可能导致环境污染和性能下降;对于精密控制,需要复杂的控制策略和反馈系统。

### 4.3.2　气动系统基本参数

气动技术是以空气压缩机为动力源,以压缩空气为工作介质,进行能量传递或信号传递的工程技术,是实现各种生产控制、自动控制的重要手段之一。气动系统的优点有:简单、环保、容易、可靠、自保、三防(防霉菌、防潮湿、防盐雾);然而,输出力较小、低俗不稳定、速度易受负载影响是主要缺点。气动系统通过这些组件的协同工作,实现对机械设备的精确控制和驱动。气动系统利用压缩空气的压力变化来移动活塞并激活开关,进而控制电机和其他机器。此系统因其可靠性、成本效益和简单性而在各个行业中越来越受欢迎。

(1)气体状态参数

压强($p$):1 Pa 等于以 1 N 的力垂直恒定地作用在面积是 1 $m^2$的平面上所产生的作用。工程中常习惯将压强称为压力。本书此后所称压力均指压强。

$$p = \frac{F}{A}$$

压力的计量单位有:Pa(帕),bar(巴),MPa(兆帕)等。地球表面的压力被称为大气压($p_{amb}$),被定义为参考压力。大气压力差 $p_e$按照下面这个公式来计算:

$$p_e = p_{abs} - p_{amb}$$

其中,$p_{abs}$为绝对压力,$p_{amb}$约为 1 bar。

(2)空气的压缩性

一定质量的静止气体,由于压力改变而导致气体所占容积发生变化的现象,称为气体的压缩性。气体状态方程:一定质量的气体,压力与体积的乘积与温度的比值是恒定的。

$$\frac{p_1 V_1}{T_1} = \frac{p_2 V_2}{T_2}$$

(3)压力调节与用气安全

由于气体的做功能力与气压有关,来自于储气瓶或者空压机的输出气体一般不能直接使用。通常需要利用减压阀实现气体压力控制。如图 4-4 所示,高压气瓶内的气体需要经过减压方可使用,同时,根据气瓶颜色,可以判断瓶内气体成分。气瓶平时要靠墙竖直放置,要有固定措施固定于墙面。防止意外碰倒损坏气阀气瓶发生爆炸、窒息等事故。

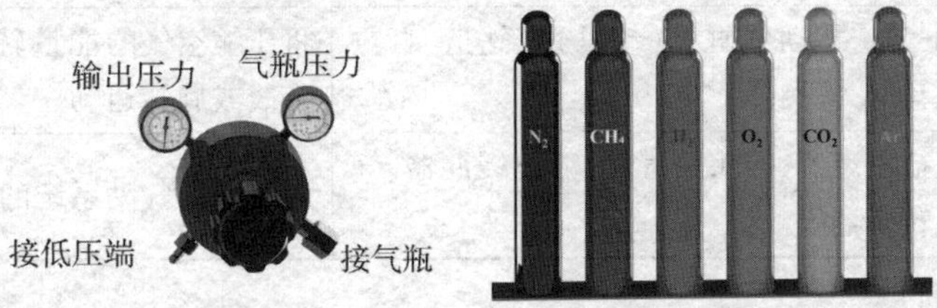


图 4-4　气瓶减压阀与不同颜色的气瓶

### 4.3.3　液压系统基本参数

液压传动技术是以液压泵为动力源,以不可压缩的液体(如液压油)为工作介质,通过密闭管路传递压力能，驱动执行元件（液压缸、液压马达等）运动，进而实现机械作动的工程技术。得益于液体介质的不可压缩性，液压传动功率密度远高于气动和电机拖动，输出力大且平稳，可在小体积下传递极高压力，适用于重载、高精度场景（如工程机械、机床）。通过调节流量和压力，能实现无级调速、位置及力的精密控制。液压传动结构紧凑，但系统复杂度较高，需配置油箱、滤油装置、密封元件等，建造成本较高。同时，由于油液易受温度影响而改变黏度，长期使用的油液会发生氧化变性，且连接件密封件存在泄漏风险，可能污染环境，导致液压系统的维护成本要远高于电动和气动系统。然而，在对功率密度要求高的场合，如重型机械、航空航天、船舶等领域，液压传动系统仍起着不可替代的作用。

### 4.3.4 气动系统基本组件

气动系统是一种利用压缩空气来驱动机械设备的自动化系统。它由多个基本组件组成，确保气动系统能够高效、稳定地运行，常用的元件组成及作用如表 4-2 所示。

表 4-2 气动系统常用元件组成及作用

| 元件 | 组成 | 作用 |
|---|---|---|
| 气源设备 | 空气压缩机 | 负责向系统供应压缩空气，通过管道连接到其他组件。它还用于调节系统内的压力，确保符合应用规格 |
| 气源处理元件 | 包括后冷却器、过滤器、干燥器和排水器 | 用于净化和调节压缩空气，以确保其适合系统使用 |
| 压力控制阀 | 包括增压阀、减压阀、安全阀、顺序阀、压力比例阀、真空发生器等 | 负责控制气动输出力的大小 |
| 方向控制阀 | 包括电磁换向阀、气控换向阀、人控换向阀、机控换向阀、单向阀、梭阀等 | 控制气缸的运动方向 |
| 流量控制阀 | 包括速度控制阀、缓冲阀、快速排气阀等 | 控制气缸的运动速度 |
| 润滑元件 | 如油雾器、集中润滑元件 | 用于润滑系统，减少摩擦和磨损 |
| 传感器/执行器 | 包括磁性开关、限位开关、压力开关、气动传感器等 | 用于监测和控制气动系统的状态 |
| 气动执行元件 | 如气缸、摆动气缸、气动马达、气爪、真空吸盘等 | 将压缩空气的能量转换为机械能，实现直线或旋转运动 |
| 其他辅助元件 | 包括消声器、接头与气管、液压缓冲器、气液转换器等 | 用于辅助气动系统的运行和维护 |

（1）过滤调压组件

过滤调压组件（FRL）是气动系统中的关键部件，它们在确保系统正常运行和优化性能方面发挥着重要作用，如图 4-5 所示。过滤器功能：去除压缩空气中的固体颗粒、水蒸气和油分，保护气动系统中的设备和执行器。其包括管道过滤器、空气过滤器、油水分离器等。调压器功能：调节气动系统中的气压，确保气动设备在设定的压力下稳定运行。其包括减压阀、顺序阀、压力维持阀等。

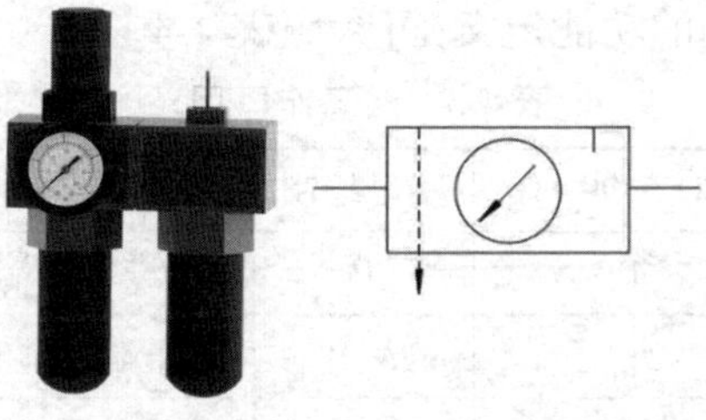

图 4-5　过滤调压组件及其图形符号

(2)空气压缩机分类

空气压缩机是一种将电能或其他形式的能量转换为气体压力能的设备，主要用于压缩空气，提供工业生产和日常生活中所需的压缩空气动力。空气压缩机通过吸入大气中的空气，然后利用机械运动(如旋转或往复运动)增加空气的压力。空气压缩机根据其特征可分为不同类别：

①按机械机构分为往复活塞式压缩机(膜片式、活塞式)、旋转活塞式压缩机(螺杆式)、流量型压缩机(轴流式、径流式)。

②按输出压力分为低压空压机 0.2~1.0 MPa；中压空压机 1.0~10 MPa；高压空压机 10~100 MPa；超高压空压机大于 100 MPa。

③按输出流量分为微型小于 1 $m^3$/min；小型 1~10 $m^3$/min；中型 10~100 $m^3$/min；大型大于 100 $m^3$/min。

(3)气源处理部分

分水过滤器滤尘能力较强，它和减压阀、油雾器一起，是气动系统中不可缺少的辅助装置。过滤器：把经过压缩空气中的所有污染物以及水分滤除。压缩空气经导向槽进入过滤网，液滴和较大的尘埃由于离心力的作用集中在过滤网的底部。在达到最高刻度前，必须排出冷凝水压缩空气过滤器，否则水分将再次混入压缩空气。溢流减压阀：作用是当系统中的工作压力超过调定值时，把多余的压缩空气排入大气，以保持进口压力的调定值。实际上，溢流阀是一种用于保持回路工作压力恒定的压力控制阀。油雾器：油雾器把雾化后的油雾全部随压缩空气输出。

### 4.3.5　方向控制阀

方向控制阀包括控制气流的方向，实现气动设备的启动、停止和反向运动，包括二位二通阀、二位三通阀、三位四通阀、五通阀等。如图 4-6 所示，方向控制阀的各部分图形符号，对应阀的功能定义。其中，①是阀驱动方式定义；②是工作口定义；③是阀功能定义。

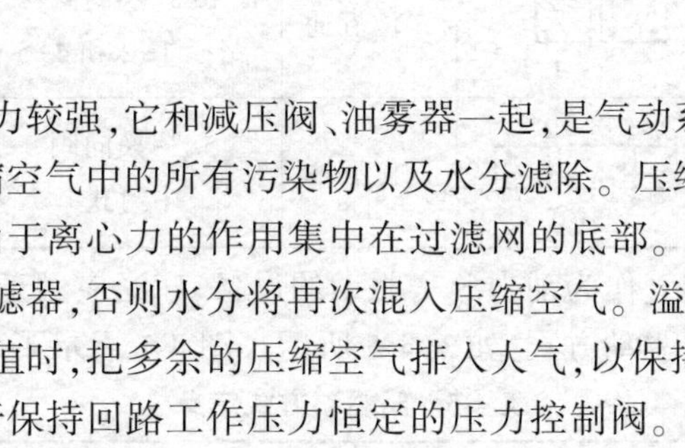


图 4-6　阀的各部分定义

换向阀的端口可以用字母来标注，也可以按照 DIN ISO 5599—3 标准，用数字来标注工作口定义，如表 4-3 所示。对于阀的功能定义，可参照表 4-4。

表 4-3　阀工作口定义

| ISO 5599-3 | 字母编制 | 端口或连接 |
| --- | --- | --- |
| 1 | P | 进气口端 |
| 2,4 | A,B | 工作端口排气口 |
| 3,5 | R,S | 进气口端 |

表 4-4　阀功能定义

| 符号 | 功能 | 含义 |
| --- | --- | --- |
| 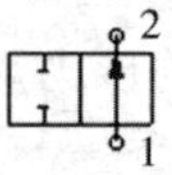 | 二位两通 | 2/2-换向阀，常开 |
| 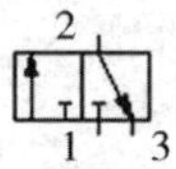 | 二位三通 | 3/2-换向阀，常闭 |
| 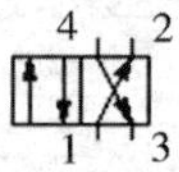 | 二位四通 | 4/2-换向阀<br>路径 1-2 和 3-4 |
| 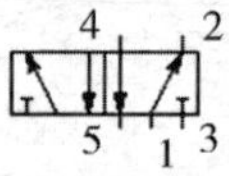 | 二位五通 | 5/2-换向阀<br>路径 1-2 和 4-5 |
| 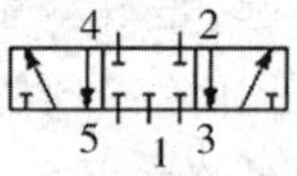 | 三位五通 | 5/3-换向阀<br>中封式 |

气动阀是利用压缩空气作为动力源来驱动的设备，广泛应用于工业自动化和过程控制中。以下是阀的几种主要驱动方式，如表 4-5 所示。图 4-7 展示了不同类型的气体换向阀。

表 4-5　阀驱动方式定义

| 符号 | 含义 | 解释 |
| --- | --- | --- |
|  | 弹簧复位 | 阀芯安装有弹簧，实现对中或复位 |
| 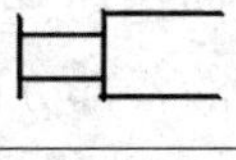 | 一般手动操作 | 阀安装有手动驱动器，可直接操作阀状态 |
| 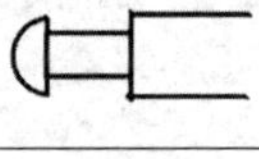 | 按钮式 | 阀安装有按钮驱动器，可直接操作阀状态 |
| 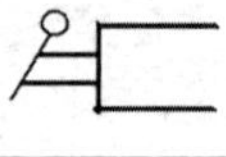 | 手柄式 | 阀安装有手柄驱动器，可直接操作阀状态 |

续表

| 符号 | 含义 | 解释 |
| --- | --- | --- |
| 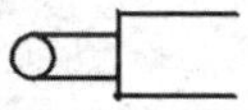 | 机械顶杆 | 阀安装有机械顶杆驱动器,可直接操作阀状态 |
| 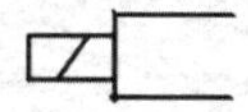 | 单电磁铁控制 | 阀安装有电磁铁,实现对于阀状态的改变 |
| 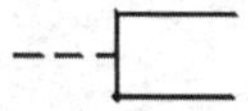 | 气体驱动 | 阀安装有气体驱动器,可直接操作阀状态 |
| 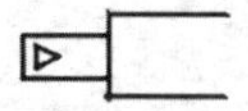 | 气体先导 | 阀具备先导级,经先导操作阀状态 |
| 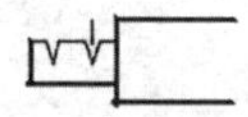 | 带定位卡槽 | 阀具有定位卡槽,可在一个或多个位置停留,实现功能切换 |

图 4-7　不同驱动方式的气体换向阀(左-手动驱动,中-单向电磁驱动,右-双向电磁驱动)

### 4.3.6　气缸

在气动自动化系统中,气动执行元件是一种将压缩空气的能量转化为机械能,实现直线、摆动或回转运动的传动装置。气动执行元件有三大类:产生直线往复运动的气缸;在一定角度范围内摆动的摆动马达;产生连续转动的气动马达。气缸是气动自动化系统中使用最为广泛的一种气动执行元件。气缸根据使用条件、场合的不同,其结构、功能和形状也不一样,种类繁多。

(1)气缸分类

根据气缸结构不同,气缸可分为活塞式和膜片式等不同类型,包括单作用气缸、双作用气缸、膜片式气缸、冲击气缸和无杆气缸等。单作用气缸仅一端有活塞杆,靠弹簧或自重返回;双作用气缸从活塞两侧交替供气,在一个或两个方向输出力;膜片式气缸用膜片代替活塞,行程短但密封性能好;冲击气缸使活塞高速运动,用于做功;无杆气缸没有活塞杆,包括磁性气缸和缆索气缸等,如图 4-8 所示。

气缸是一种气动执行元件,它将压缩气体的压力能转换为机械能,实现直线往复运动

- 气缸
  - 活塞式
    - 单活塞
      - 有杆
        - 单活塞杆
          - 单作用
          - 双作用
        - 双活塞杆
          - 单作用
          - 双作用
      - 无杆
        - 磁性耦合
        - 机械耦合
        - 绳索、钢缆
    - 双活塞
  - 膜片式
    - 平膜片
    - 滚动膜片
    - 皮囊

图 4-8　气缸分类

或摆动运动,通过改变进气方向,改变活塞杆的移动方向。如图 4-9 所示,气缸通常由缸筒、端盖、活塞、活塞杆与密封件组成。气缸的工作过程通常包括吸气、压缩、爆燃和排气四个阶段。气缸广泛应用于各种工业和机械领域,如自动化设备、机械制造、汽车、包装和医疗设备等。它们用于驱动机构做直线往复运动、摆动和旋转运动。

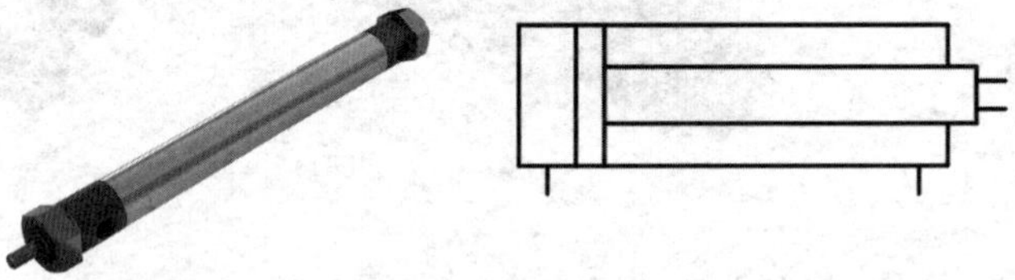

图 4-9　气缸及其图形符号

气缸的性能指标包括:

公称压力:一般使用场合指标为 0.63 MPa(0.80 MPa),重要使用场合指标为 1.00 MPa。

缸径:气缸的缸径范围从 32 mm 至 320 mm,最低工作缸径为 0.15 MPa。

空载性能:一般使用场合指标为≤100,重要使用场合指标为≤50。

气缸的类型包括:

单作用气缸:仅一端有活塞杆,从活塞一侧供气聚能产生气压,气压推动活塞产生推力伸出,靠弹簧或自重返回。

双作用气缸:从活塞两侧交替供气,在一个或两个方向输出力。

膜片式气缸:用膜片代替活塞,只在一个方向输出力,用弹簧复位。它的密封性能好,但行程短。

冲击气缸:把压缩气体的压力能转换为活塞高速(10~20 m/s)运动的动能,借以做功。

无杆气缸:没有活塞杆的气缸的总称,包括磁性气缸和缆索气缸两大类。

摆动气缸:做往复摆动运动的气缸,由叶片将内腔分隔为二,向两腔交替供气,输出轴做摆动运动,摆动角小于 280°。

### 4.3.7　气动马达

气动马达是一种以压缩空气为工作介质的原动机,将压力能转换为机械能的动力装置。气动马达通过压缩气体的膨胀作用,将压力能转换为机械能。如图 4-10 所示,不同类型的气动马达在结构和工作原理上有所区别,但大多数气动马达具有调速功能,即通过控制进气阀或排气阀的开度来调节输出功率和转速。

图 4-10　气动马达及其图形符号

气动马达按结构形式划分,主要有 3 种类型:叶片式气动马达、活塞式气动马达和齿轮式气动马达。

(1)叶片式气动马达:适用于高速回转的应用条件下,但在启动及低速运转时性能不佳。叶片式气动马达通过压缩空气使叶片带动转子旋转,产生转矩。

(2)活塞式气动马达:小体积能产生高功率,高适应性,温升较小,转速可随负载改变,直至超载停机而不会对气动马达产生任何损伤。

(3)齿轮式气动马达:较为常见的一种,适用于多种工业应用。气动马达因其结构简单、体积小、重量轻、马力大、操纵容易、维修方便等特点,在工业领域中得到了广泛的应用。气动马达,也称为气动发动机或气动驱动器,是一种利用压缩空气作为工作介质,将气压能转换为机械能的设备。它们广泛应用于自动化设备、气动工具、医疗设备、气动控制系统等领域。气动马达广泛应用于矿山机械、专业性的机械制造业、油田、化工、造纸、炼钢、船舶、航空、工程机械等行业。它们被用于驱动各种气动工具,如风钻、风扳手、风砂轮等。气动马达特别适合于无级调速、起动频繁、经常换向、高温潮湿、易燃易爆、负载起动、不便人工操纵及有过载可能的场合。

### 4.3.8　液压缸

液压缸是一种将液压能转换为机械能的设备,主要用于实现直线运动。液压缸的工作原理基于帕斯卡原理,通过密封容积的变化来传递运动,通过油液内部的压力来传递动力。

液压缸通过输入高压油液推动活塞,实现往复直线运动或摆动,从而输出速度和推力。如图 4-11 所示,液压缸通常由后端盖、缸筒、活塞杆、活塞组件、前端盖等主要部分组成。为了防止油液泄漏,缸筒与端盖、活塞与活塞杆、活塞与缸筒、活塞杆与前端盖之间均设置有密封装置。前端盖外侧还装有防尘装置,端部设置缓冲装置以防止活塞快速退回时撞击缸盖。

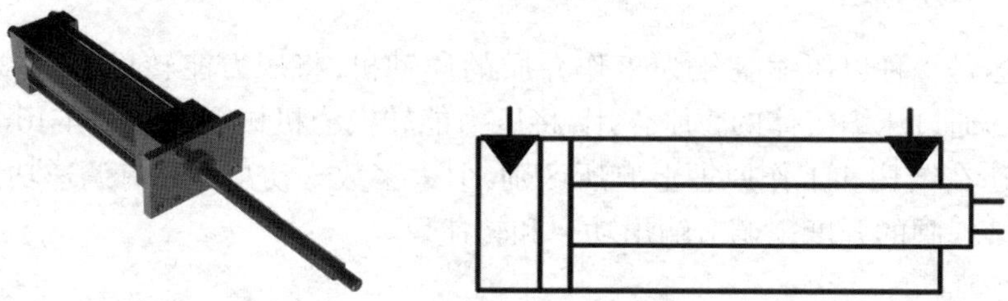

**图 4-11　液压缸及其图形符号**

液压缸广泛应用于工程机械、汽车制造、航空航天、建筑工程、冶金设备、矿山装备等领域。在汽车制造中,液压缸用于驱动制动踏板等操作,提高效率和安全性。在航空航天领域,液压缸用于飞机起落架、机翼舵面和尾翼控制,保证飞机的安全性和稳定性。

4.3.9　液压马达

液压马达的工作原理基于帕斯卡原理,即在密闭的液体中,压力的变化会传递到液体的每一个部分。液压马达通常涉及多个关键部件,包括油泵、管道、阀门和马达本体。它的内部结构可以包含齿轮、叶片或活塞等元件,液压马达通过液体的压力推动内部元件(如齿轮、叶片或活塞)转动,从而实现动力的输出。当液压油在泵的作用下被压缩并注入马达内时,油的压力使得转子旋转,形成连续的机械运动,如图 4-12 所示。

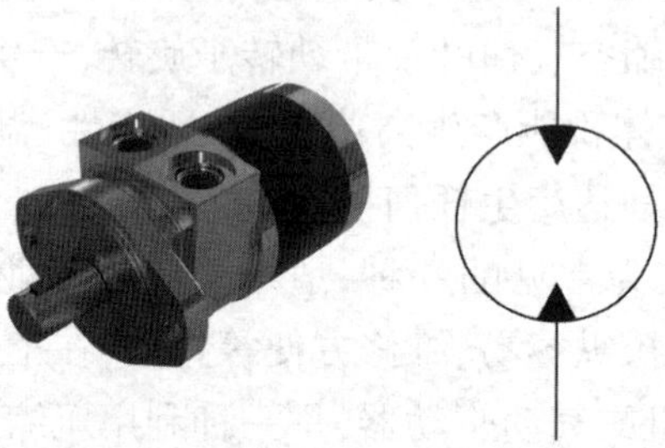

**图 4-12　液压马达及其图形符号**

液压马达在工业中应用极为广泛,常用于建筑机械、矿山设备、农业机械、船舶推进系统以及各种自动化装置中。在建筑领域,液压马达可用于挖掘机、推土机和升降机等设备,因其高扭矩特性,可以在艰难的工况下提供强大的动力支持。在矿山行业,液压马达用于驱动大型破碎机或输送设备,以确保原料的高效转化和运输。

液压马达的性能参数包括:

转速:液压马达的转速是指在单位时间内转动的圈数,通常用转/分(r/min)表示,与流量、排量及工作压力等参数有关。

扭矩:液压马达的扭矩是指输出轴上的扭矩大小,通常用牛 · 米(N · m)表示,与流量、排量、工作压力及效率等参数有关。

输出功率：液压马达的输出功率是指单位时间内输出的功率大小，通常用千瓦(kW)表示，与流量、排量、工作压力及效率等参数有关。

效率：液压马达的效率是指输出功率与输入功率的比值，通常用百分比表示，与摩擦损失、泄漏损失等参数有关。

液压马达按照结构形式及运动方式不同，可以分为齿轮式、叶片式、柱塞式和螺杆式等类型。按照工作腔周期性变化而进入和排出的液体容积可否调节，液压马达分为定量型和变量型两类。按照转速和转矩不同，液压马达分为高速小转矩型和低速大转矩型两类。一般将额定转速高于 500 r/min 的马达称为高速马达，而将额定转速低于 500 r/min 的马达称为低速马达。

## 4.4　新原理执行器

### 4.4.1　柔性执行器

柔性执行器是一种具有高度灵活性和适应性的执行机构，它们在医疗保健、救援、监视等多个领域具有广泛的应用潜力。柔性执行器主要可分为双电层电致形变、静电力致形变、电场致形变和电热致形变 4 种不同类型。双电层电致形变的原理是在电压作用下，一侧电极吸附电解液中的可移动离子，导致该侧主体材料膨胀，而另一侧电极附近的移动离子被耗尽，该侧主体材料收缩，从而使执行器向离子耗尽侧弯曲。

静电力致形变，如介电弹性体执行器，本质上是一种可变电容器。当在两侧电极上施加电压时，电极上的异种电荷相互吸引，产生的静压力使弹性体沿电场方向压缩，从而在垂直电场方向产生拉伸应变。柔性执行器在仿生机器人中是重要的组成部分，决定了其性能。它们需要具备大行程、高灵敏度、快速响应、低触发功率和长寿命等特点。柔性执行器的材料可以包括介电弹性体、水凝胶等，这些材料可以提高执行器的变形能力。

### 4.4.2　SMA 执行器

形状记忆合金(SMA)执行器是一种智能材料执行器，因其独特的性能而被广泛应用于各种领域。SMA 执行器是一种能够产生位移和力的执行器，通过设计 SMA 元件和偏置元件(如被动弹簧或对抗配置中的 SMA 元件)来实现单向或双向的线性或旋转运动。SMA 材料具有独特的相变特性，即在加热(通常通过电流)时从马氏体相变到奥氏体相变，导致材料收缩；冷却时则相反，材料膨胀。这种相变使得 SMA 执行器能够实现大的驱动应变。

SMA 执行器主要由镍钛合金(NiTi)制成，这种合金因其优异的形状记忆效应和超弹性而被广泛使用。SMA 执行器在移动机器人、机械手、可穿戴设备、航空航天/汽车部件和生物医学设备等领域具有广泛的应用潜力。其用于设计各种驱动器和伺服驱动系统，如用于驱动弯曲件的 SMA 线、夹持器、顺应性夹具，以及用于随机模块化机器人的微型可开关连接系统。SMA 执行器因其高能量密度、驱动应变和生物相容性等特性，在智能设备和系统中扮演着越来越重要的角色。随着材料科学和控制技术的进步，SMA 执行器的应用范围和性能有望进一步扩展和提高。

### 4.4.3 压电执行器

压电执行器是一种利用压电效应进行精确控制位移、力或运动输出的执行器。压电执行器基于逆压电效应，即将输入的电能精确转换为位移、力或运动输出。压电效应是指在压电材料表面施加压力时产生电荷的现象，而逆压电效应则是施加电压时材料发生形变。

压电材料可以是单晶材料或多晶铁电陶瓷，这些材料具有自发极化特性，即晶胞的正负电荷浓度相互分离，产生自发应变。常见的压电材料包括钛酸钡等。压电执行器以其高精度、行程灵活性、抗电磁干扰性和结构可扩展性等属性，在各种应用中获得了广泛的应用。它们被用于微执行、能量收集、传感和无线通信等。在汽车技术中，压电控制喷射阀减少了传递时间，改善了平滑度和废气质量。

压电 MEMS 微执行器技术研究进展表明，压电 MEMS 微执行器能够精确、自主地执行复杂动作，如直线、旋转、加速度、钳动等，完成对极微小器件与结构的纳米尺度精确操作。此外，压电执行器的建模和控制方法也在不断发展，以克服其非线性问题，提高运动精度。

压电执行器具有运动范围广、响应速度快、刚度高、驱动力大等优点，适合精密定位应用。然而，它们在动态工作条件下的非线性特性，如迟滞、蠕变和振动，会影响运动精度，因此需要适当的建模和控制方法。压电执行器因其独特的性能和广泛的应用潜力，在精密控制领域扮演着重要角色。随着技术的进步，压电执行器的应用范围和性能有望进一步扩展和提高。

## 4.5 本章小结

执行器是自动化控制系统中不可或缺的组成部分。机电系统的执行器是将电能转换为机械能的关键组件，它们通过精确控制力、速度和位置来驱动机械系统，广泛应用于自动化、机器人技术、航空航天和工业控制等领域，以实现高效、可靠的运动控制。执行器则根据控制系统的指令，将电信号转换为机械运动或力，驱动机械设备进行相应的动作。随着技术的发展，执行器正朝着更高精度、更低功耗和更高集成度的方向发展。

## 4.6 章节习题

1.液压、气动、电机系统作为执行器时各有什么特点？

2.根据利用的物理效应不同，你能举出几种执行器？

3.对于远距离传输作业，在电力充沛的情况下，一般采用什么传动方式？

# 第5章

# 电机系统控制设计

## 5.1 电机系统概述

电机系统是使用电动机作为动力源,通过电能转换为机械能来驱动各类生产机械的拖动方式。电机拖动的工作原理基于电磁感应原理和电磁力原理。通电产生磁场,利用电流与磁场的相互作用实现电机转动。电机通常由定子和转子两部分组成,通过改变定子和转子之间的磁场分布来实现电机的转动。

电机拖动广泛应用于各种机械设备中,从小至电子手表的步进电机,大至上万千瓦的大型轧钢机械等,80%以上的机械设备都采用电力拖动。电力拖动系统一般由电动机、传动机构、生产机械、电源和控制设备5部分组成。电力拖动具有高效率,因为它可以将电能方便地转换为机械能,且控制方便,运行性能好,传动效率高,可节省能源。

由于绝大多数设备是以电力作为设备动力,由电机来拖动的,因而设备的工作状态是由其拖动电机的工作状态决定的。即控制了设备拖动电机的工作状态,就可以控制设备的运行状态。设备中拖动电机的运行状态如图5-1所示。

- 电机运行状态
  - 起动
    - 全压直接起动
    - 降压间接起动
  - 运行
    - 方向？联锁？联动？环境等
  - 调速
    - 无调速
    - 有级调速
    - 无级调速
  - 制动
    - 无制动(惯转停车)
    - 强力制动(快速制动)

图5-1　拖动电机的运行状态

对电机某一运行状态的控制,一般由若干电器件通过导线连接成一特定电路来实现。这些特定电路,又称为基本控制环节、基本控制电路、典型电路或单元电路。由于电机结构、功率、接线方式、运行条件等的不同,即使是对同一种运行状态也有不同的控制方法。本章其余章节将以设备中最常用的三相交流异步电机为对象,介绍机电系统中常见的电机控制电路。

## 5.2 全压直接起动

### 5.2.1 全压直接起动概述

全压起动是通过开关或控制电器,将电源电压的全部直接接入三相电机定子绕组,并使其起动运行的控制方式。对三相交流异步电机而言,全压直接起动时,其 $I_s \approx (5\sim7)I_n$,而 $P \propto I$。这不仅影响电机自身起动特性($M \propto U^2$)、使电网端电压下降,且还会影响同一电网中的其他运行设备。因此,全压直接起动适用范围一般为 7.5 kW 以下空载或轻载电机。

### 5.2.2 单向起/停电路

电机作为旋转电器,其旋转方向只有两个:顺时针(右旋)和逆时针(左旋)。所谓单向,是指电机只有一个旋转方向。全压直接起动是指在起动三相异步电机时,直接将电机的定子绕组接入电网,使其承受全电压起动。容量 7.5 kW 以下的三相异步电动机可以直接起动。电机在起动瞬间造成电网电压波动小于 10%的,对于不经常起动的电动机可以放宽到 15%。如果有专用变压器,且变压器容量(S 变压器)大于或等于 5 倍电动机额定功率(P 电机),电动机允许直接频繁起动。

如图 5-2 所示,在全压直接起动中,当开关置于启动位置时,电机直接从电网获取全电压。例如,按下断路器开关 QS,电机与主电源接通,电机随即起动;复位断路器开关 QS,电机停止。直接起动电路结构最简单,但存在安全性差与控制灵活性差的问题。

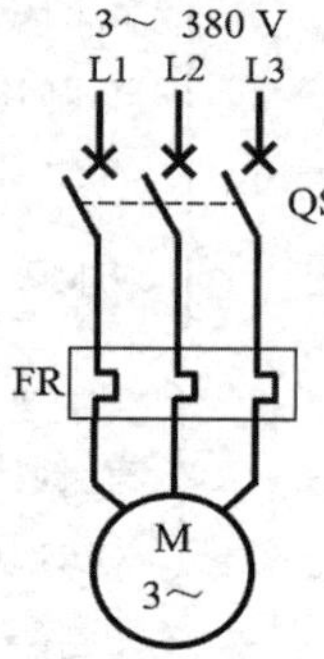


图 5-2 全压直接起动电路

全压直接起动所需设备少,起动方式简单,成本低,因为不需要额外的起动设备如自耦变压器或星—三角起动器。起动转矩大,能够提供足够的扭矩以克服负载的初始阻力。然而,直接起动电流大,可能会对电网造成较大的冲击,导致电压暂降,影响其他电器设备的正常工作。对于大功率电机,全压直接起动可能会对电机和电网造成损害,因此不适用于大功率电机。全压直接起动通常适用于小功率电机,因为它们在起动时产生的电流冲击较小,对电网的影响有限。总结来说,三相异步电机全压直接起动是一种简单、成本低的起动方式,适用于小功率电机或对电网影响较小的情况。然而,对于大功率电机,由于起动电流较大,可能需要考虑其他起动方式,如星—三角起动、自耦变压器起动或软起动等,以减少对电网的影响。

对于使用断路器直接起动存在问题,为了实现电机的远程控制,可以使用接触器 KM1。通过将接触器的线圈接入控制电路,利用对于接触器线圈通断的控制,实现接触器主触点的接通与断开,最终对电机起动与停止实现控制,如图 5-3 所示。在实践中,通常将包含动力电机的回路称之为主电路,用于控制电机的电路则称之为控制电路。

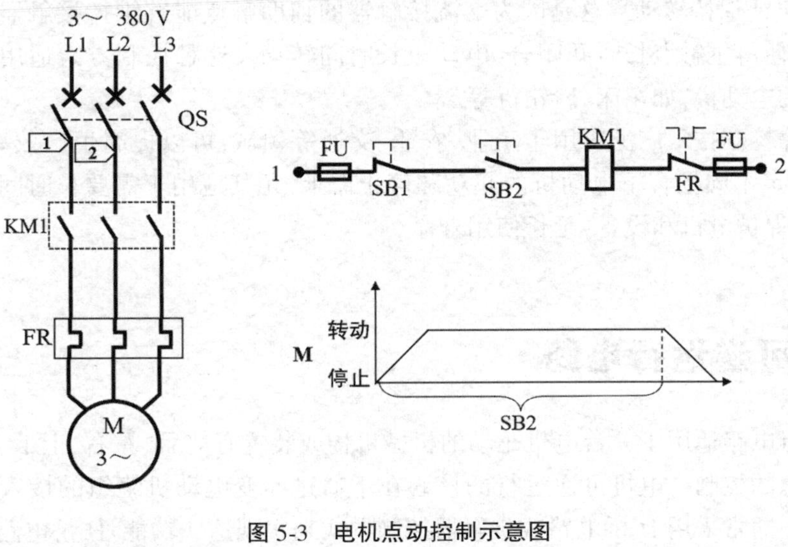


图 5-3　电机点动控制示意图

### 5.2.3　单向长动起/停电路

长动即指电机单方向连续稳定(固定转速)转动。电机单向长动起/停控制是一种电机控制技术,主要用于实现电动机的起动和停止控制。电机控制结构如图 5-4 所示。点动控制电路中加入自锁(保)触点 KM,可以实现电动机的连续运行控制。当松开按钮 SB2 时,由于 KM 常开辅助触头闭合自锁,控制回路仍保持通路,电动机 M 继续运转。

控制动作过程:

起动:首先合上电源开关 QS,然后按下按钮 SB,使得交流接触器 KM1 线圈得电,KM1 主触点闭合,电动机 M 开始转动。

停止:松开按钮 SB,交流接触器 KM1 线圈失电,KM1 主触点断开,电动机 M 停止转动。

自锁控制:在单向长动控制中,当按下按钮 SB2 后,电动机开始转动,即使松开按钮

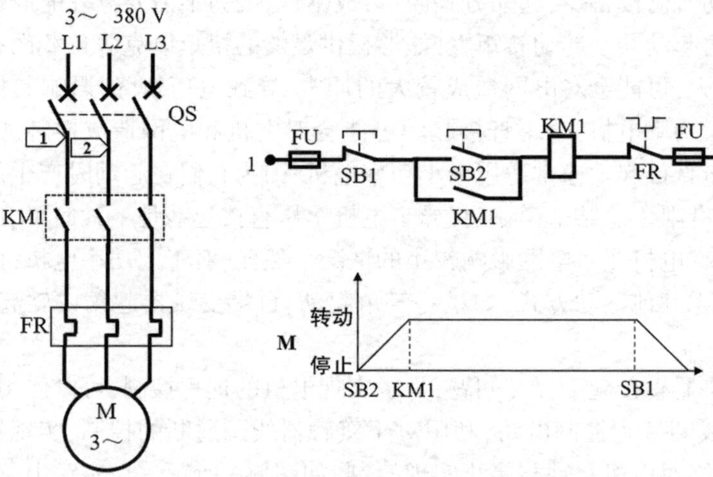


图 5-4 电机控制结构示意图

SB2,电动机仍能保持转动。这是因为交流接触器的辅助触点能够维持接触器线圈的长时间得电,从而使得主触点长时间闭合,电动机长时间转动。这种控制方式适用于需要长时间连续工作的电动机,如车床、砂轮机等。

电机起停控制技术广泛应用于工业、农业、交通等领域,可以提高生产效率,降低生产成本,能够满足不同场合下电动机的起动和停止需求,尤其适用于需要长时间连续工作的电动机,同时保护电机和设备,延长使用寿命。

## 5.3 可逆运行电路

可逆运行电路适用于一台电机驱动的机械机构或装置有前后、左右、上下、翻转等两个相反运动状态的控制。电机可逆运行的核心在于通过改变电动机绕组的接入方式来实现转向的改变。通常采用 H 桥电路或接触器控制方式来实现这一功能:H 桥电路由 4 个开关(通常是晶体管或继电器)组成,通过控制这些开关的开闭,可以实现电机的正向和反向运动。当需要电机正向运动时,闭合对角线上的两个开关,使电流通过电机的一个方向;反之,闭合另一对开关,使电流反向流动,从而实现反向运动。或者利用接触器控制,通过设置正向和反向接触器,分别控制电动机的正向和反向运行。按下正向启动按钮时,正向接触器吸合,电动机开始正向旋转;按下反向启动按钮时,反向接触器吸合,电动机转向反向。为了防止两个接触器同时工作,通常会设置互锁机制,确保安全性。

电机可逆运行电路通常包括电源开关、正向和反向启动按钮、正向和反向接触器以及互锁装置。可逆运行电路的本质是将正转与反转的主电路与控制电路叠加而成,可逆运行电路如图 5-5 所示。

需要注意的是,控制电路中需要有必要的机械以及电气联锁,防止出现当正反转启动按钮同时按下,触发电机主电源短路这类不利的情形。实现方式如下:联锁是指利用电器

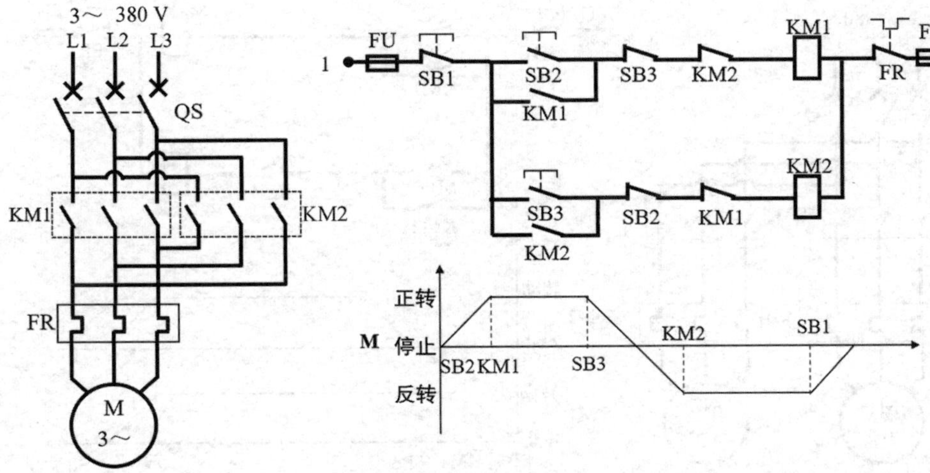


图 5-5　可逆运行电路

触点,对两个或两个以上的电器动作顺序先后实施控制的技术措施。机械联锁是指由机械式电器触点实施控制的技术措施。电气联锁是指由电磁式电器触点实施控制的技术措施。一般来说,要求 A 接触器动作时,B 接触器不得动作,则应将 A 接触器的常闭触点串接在 B 接触器线圈回路中,反之亦然;要求 A 接触器动作后,B 接触器才能动作,则应将 A 接触器的常开触点串接在 B 接触器线圈回路中,反之亦然;要求 B 接触器失电后,A 接触器才能失电,则应将 B 接触器的常开触点串接在 A 接触器停止按钮的两端,反之亦然。

## 5.4　多台电机顺序控制

因工艺、过程或自动化的要求,对同一系统中的设备多台拖动电机的启停有顺序要求。多台电机的顺序控制是指按照特定的顺序启动和停止多台电机的过程。这种控制方式在工业自动化中非常常见,可以确保设备按照预定的顺序安全、高效地运行。

### 5.4.1　常见顺序控制要求

常见的顺序控制要求有:(1)同时启停;(2)同时启动,正(逆)向停止;(3)正(逆)向启动,同时停止;(4)顺向启动,逆向停止;(5)逆向启动,顺向停止等。

### 5.4.2　典型电路分析

(1)顺序启动,同时停止

如图 5-6 所示,主电路中存在两台电机,分别由两个接触器的主线圈控制,通过在后启动的电机控制电路中串接先启动电机辅助触点,实现顺序启动。而停止按钮设置为可同时切断两个接触器的主线圈,实现同时停止。

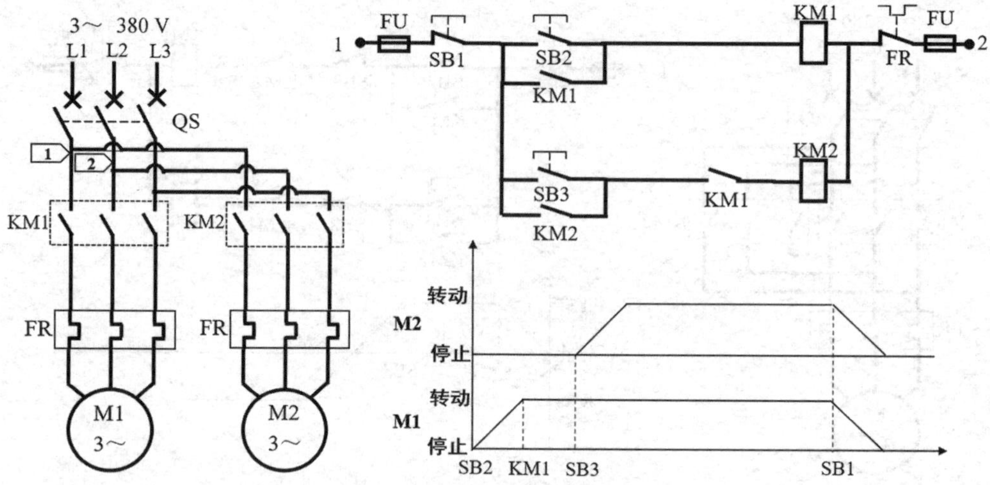


图 5-6　顺序启动,同时停止

(2)逆序启动,顺序停止

如图 5-7 所示,主电路中存在两台电机,分别由两个接触器的主线圈控制,通过在后启动的电机控制电路中串接先启动电机辅助触点,实现逆序启动。而在后停止的电机启动按钮两侧并联先停止辅助线圈,实现顺序停止。

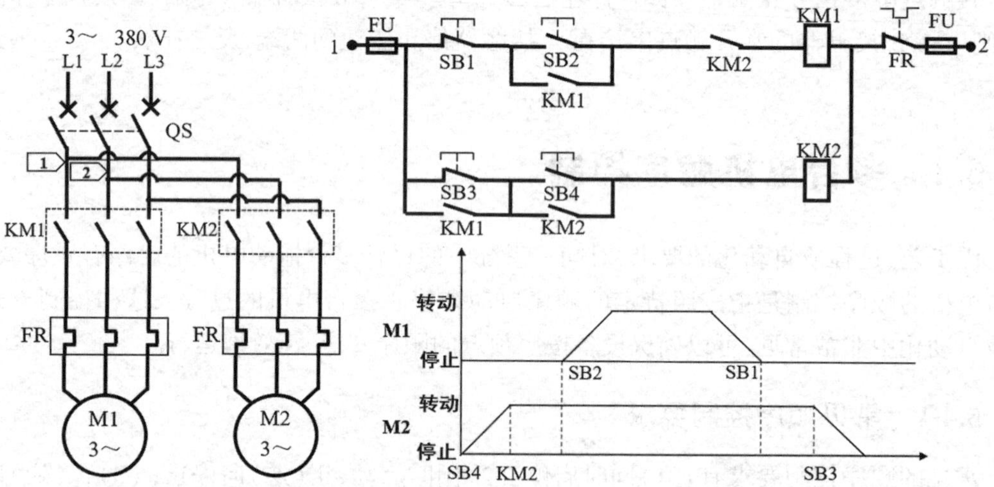


图 5-7　逆序启动,顺序停止

(3)逆序启动,顺序停止,故障急停

如图 5-8 所示,主电路中存在两台电机,分别由两个接触器的主线圈控制,通过在后启动的电机控制电路中串接先启动电机辅助触点,实现逆序启动。在后停止的电机启动按钮两侧并联先停止辅助线圈,实现顺序停止。在控制电路最左端串接急停按钮,实现故障下控制电源的切断。

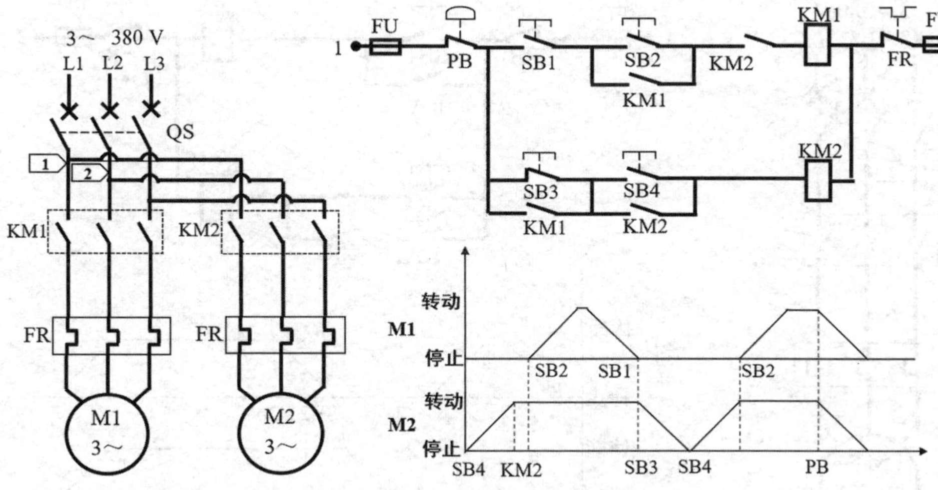


图 5-8　逆序启动，顺序停止，故障急停

## 5.5　单向点动/长动混合控制

在一些工艺中，需要对一台拖动电机同时具备点动/长动功能的控制。例如，机床刀具箱的进给方式可以通过按钮切换为点动或者连续运动（长动）。单向点动/长动混合控制可以提高系统控制灵活性，实现更加方便的操作。

### 5.5.1　原理分析

点动/长动的区别在于自保支路的有无。实现混合控制的关键是如何采取利用电器触点、增设附加电路等技术措施，选择确定自保支路在电路中是否起作用。

### 5.5.2　实现方法

单向点动/长动混合控制的关键是主动控制自保支路的通断，进而实现模式切换。于是，该电路的控制电路必然包括单项长动启停控制电路的主要部分。

（1）中间继电器辅助电路

如图 5-9 所示，该电路类似于电机长动电路，但通过一个单独的中间继电器 KA 实现长、点动切换。首先，中间继电器通过按钮 SB1 实现启动和自保持，之后并联在 SB2 长动按钮开关旁的 KA 的常开辅助触点闭合，实现 KM1 的保持，最终达到电机长动的目的。该方案可以实现既定的点、长动切换。然而，存在切换时必须停车的缺点，造成系统操作不变，甚至发生误操作。

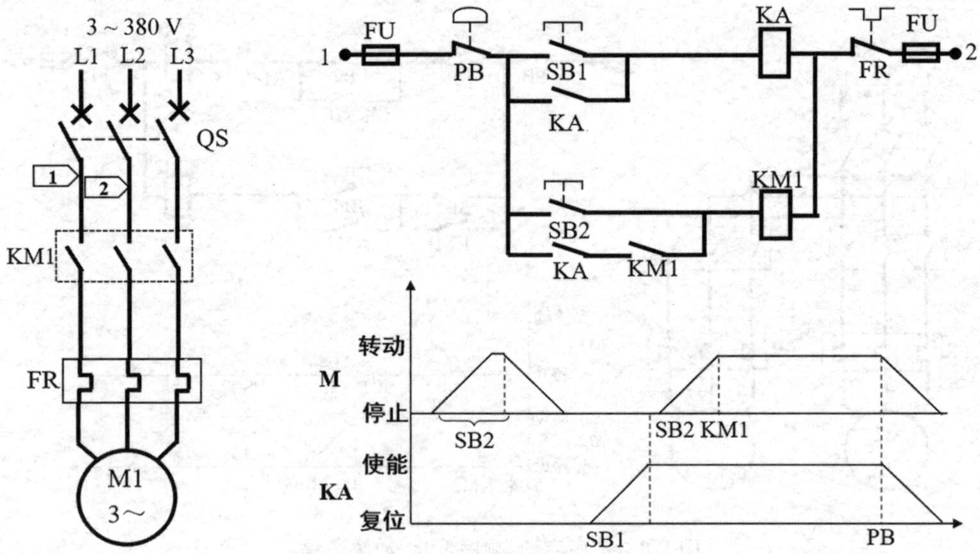


图 5-9　中间继电器辅助电路方案

(2)万能转换开关

如图 5-10 所示,该电路类似于电机长动电路,但通过一个万能转换开关实现长、点动控制电路切换。由于万能转换开关的扭动特点,方便操作员理解两个挡位的不同,防止了误操作。同时,相比于方案一,元件数量大大降低,改善了系统复杂度与可靠性。

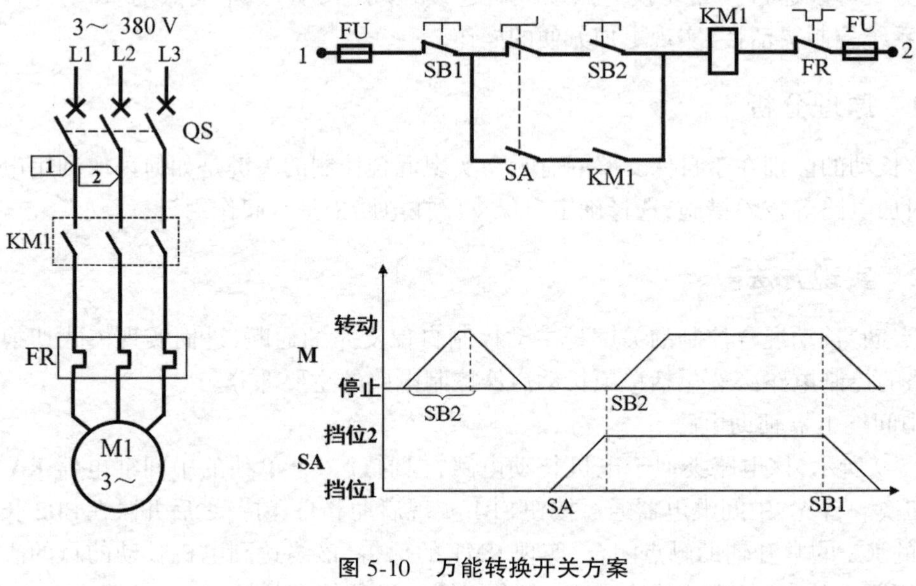


图 5-10　万能转换开关方案

# 5.6　位置、自动往返控制

## 5.6.1　适用范围

位置、自动往返控制适用于液位、物料容积及机械装置的位置、行程、速度、方向等控制。

## 5.6.2　方法

选用各式光电开关、磁控开关、浮球开关、位置传感器、行程开关等与接触器、中间继电器组合，实现控制。

## 5.6.3　典型电路分析

如图 5-11 所示，图中小车仅具备单自由度，即沿水平轴线方向左行或右行。小车的左右运动依靠电机的正反转拖动。因此，往返控制的本质是可逆运行电路。

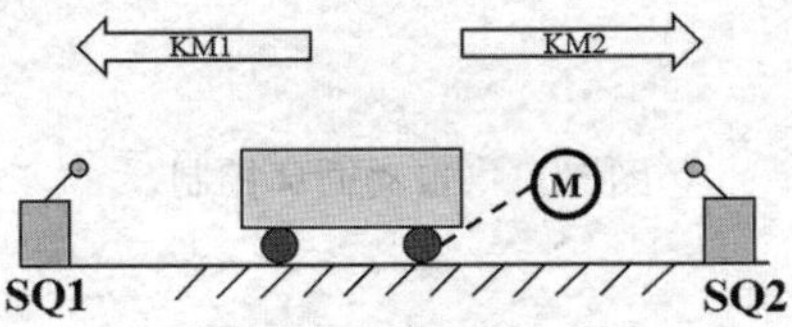


图 5-11　单行程控制场景

(1) 单行程控制

单行程控制是最简单的一种往返控制。控制目标是当小车出发后，如果触发任何极限位置的限位开关，则小车自动停车。如图 5-12 所示，在电机可逆运行控制的基础上，利用行程开关实现机械互锁，以及接触器辅助触点实现电气联锁，实现极限位置自动停车的功能。

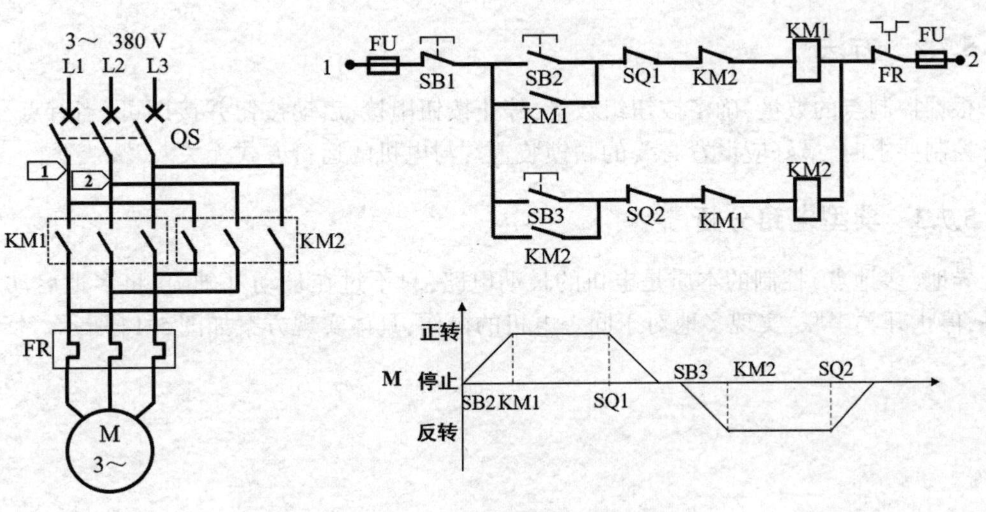


图 5-12　单行程控制原理

(2)自动循环控制

如图 5-13 所示,自动循环控制在单行程控制电路的基础上,补充了近端行程开关的常开触点,实现小车移动至极限位置后返回运行的启动功能,进而实现只要不停车,小车始终自动往复运行的功能。

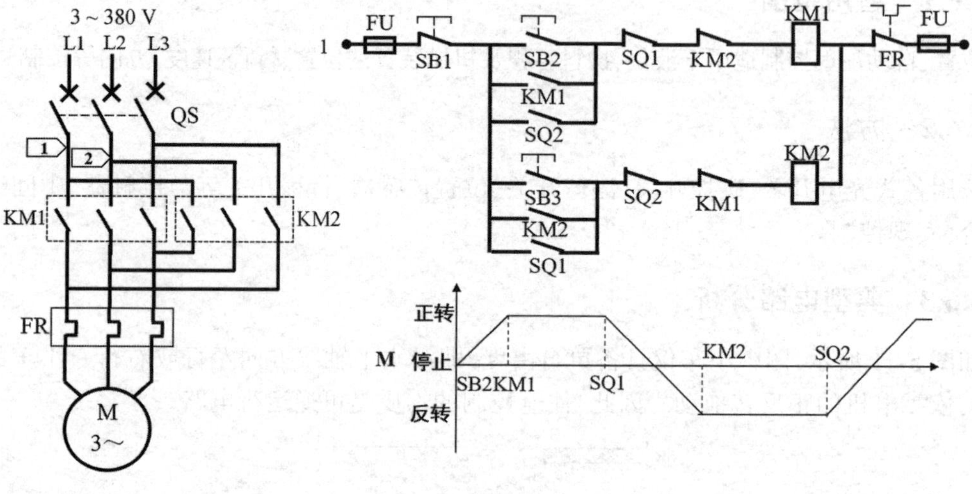


图 5-13 自动循环控制

## 5.7 异地(多地点)控制

### 5.7.1 适用范围

异地(多地点)控制适用于两个或两个以上位置(地点)对同一台电机的操作控制。

### 5.7.2 方法

根据控制点的数量,确定按钮组数量,停止按钮串接,启动按钮并接即可;当有点/长动混合控制要求时,最好应设置必要的联锁装置。与电机的运行方式无关。

### 5.7.3 典型电路分析

异地(多地点)控制的本质是电机的长动电路,只不过在长动基础上,将多地启动开关并联,停止开关串联,实现多地对于同一电机的操作,具体实现方案如图 5-14 所示。

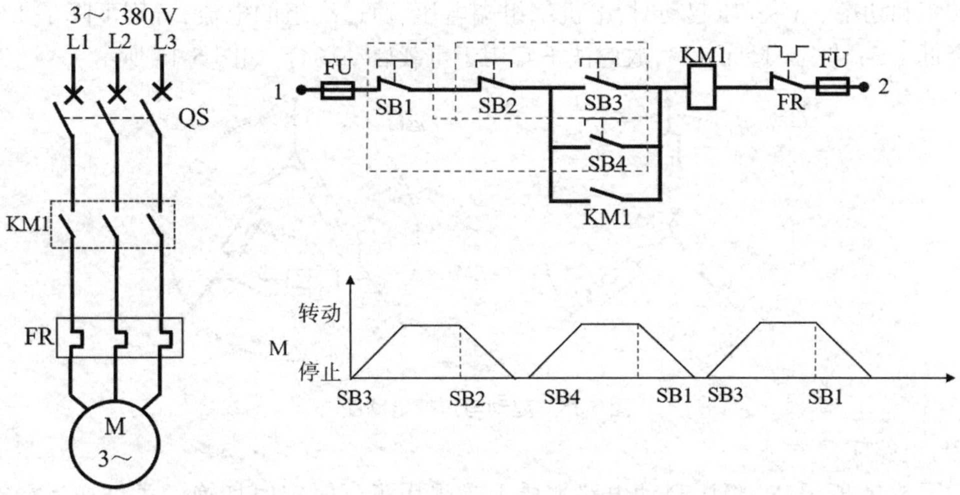


图 5-14　异地（多地点）控制具体实现方案

## 5.8　降压间接起动

降压间接起动是指电机起动时，定子端的电压小于额定值。降压间接起动的目的是减小供电电网因电机启动造成的电压波动，将电机的起动电流限制在（2～2.5）$I_N$。待电机达到一定转速（接近额定值）时，再切换到全压下运行，并使电机输出额定功率。功率大于 7.5 kW 电机，如无特殊要求，一般采用降压间接起动方式。

### 5.8.1　实现方式

定子回路串电阻、串电抗、串自耦调压器、Y-Δ，以及对多抽头电机的延边三角形降压启动。

### 5.8.2　电路介绍

（1）Y-降压起动原理

Y-降压起动是一种常用的电动机起动方式，主要用于降低起动时的电流冲击，保护电动机和电网。Y-降压起动广泛应用于工业电机、建筑设备、重型机械等领域，特别适合于起动电流较大的电动机，如图 5-15 所示。以下是其工作原理：

Y 形起动：在起动初期，电动机的绕组被连接成星形（Y 形），这样每个绕组的电压降低到电源电压的 $1/\sqrt{3}$ 倍，从而降低了起动电流。

形运行：起动后，电动机的绕组被切换到三角形（形），这时每个绕组的电压恢复到电源电压，电动机以全电压运行。

在初始状态，电动机绕组连接为 Y 形，起动电流较小，电动机开始转动。达到运行状态后，电动机转速达标，通过接触器或继电器将绕组切换为形，电动机以全电压运行，提供更大的转矩和功率。Y-降压起动时,电机绕组端电压、通过绕组的电流,分别下降了 $1/\sqrt{3}$;功率降低 1/3;转矩下降了 1/3,故此法不宜用于重载启动场合,如图 5-15 所示。

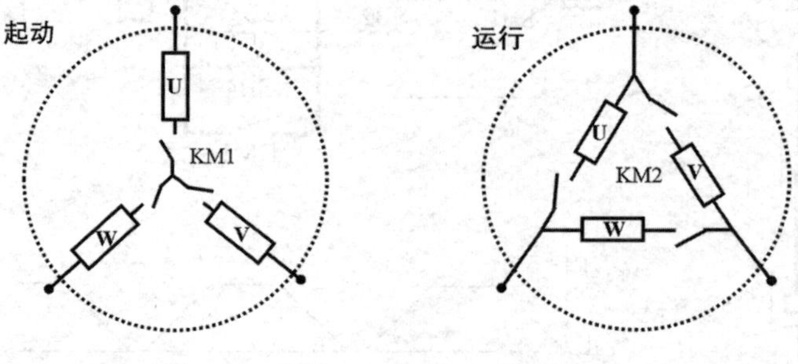


图 5-15　起动与运行电路图

(2)电路实现方法

如图 5-16 所示,Y-降压起动电路本质上是采用了延时定时切换的类可逆运行电路。在同一电机中实现两种绕组解法,利用通电延时继电器实现绕组接触器触点切换。

①起动准备:在起动过程中,首先起动 Y 绕组。

②起动:Y 绕组主触点得电后,驱动延时线圈计时,满足低压起动时间条件。达到条件后,切换为形。利用电气互锁防止 Y-短路。

③停止:按下停止按钮,所有接触器线圈均失电,实现惯性阻尼停车。

④电路保护:QS 断路器实现电源引入与隔离;FU 实现电路短路保护;FR 实现电路过载保护;KM1 和 KM2 辅助触点实现电气联锁。

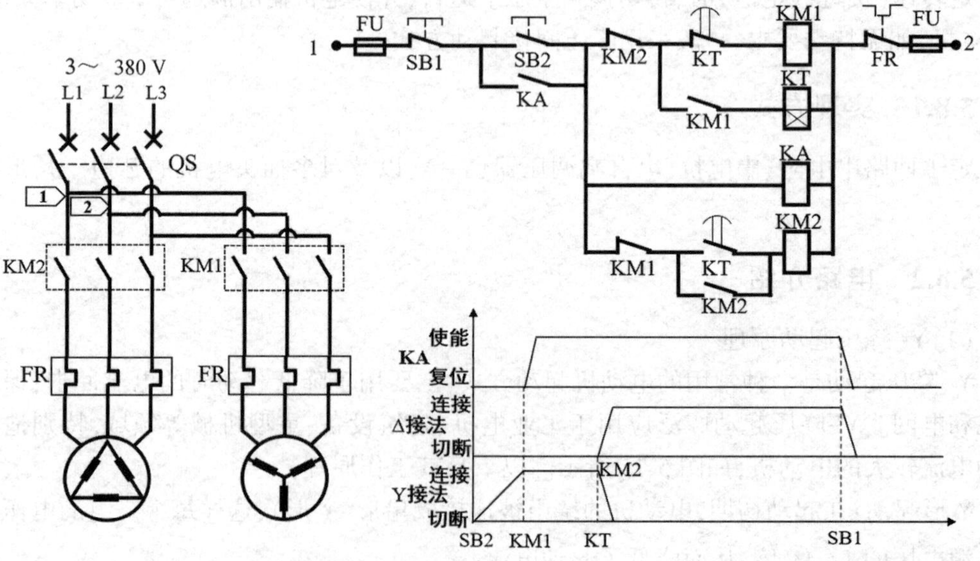


图 5-16　Y-Δ 降压起动

Y-降压起动电路具有起动电流小、启动转矩相对较小的特点。由于起动电流减小,有利于延长电动机的使用寿命。但因为起动转矩也相应减小,这种方法多用于轻载或空载起动的场合。Y-降压起动方式适用于那些在起动时不需要很高起动转矩的场合,如泵、风机等。通过这种起动方式,可以在不牺牲太多起动转矩的情况下,有效降低起动电流,减少对电网的影响。Y-降压起动电路,是各种降压起动电路中最简单、最直接、最常用的电路,也是工程技术人员应当掌握的基本单元电路之一。

(3) 自耦变压器降压起动

自耦变压器降起起动适合于容量较大的或正常运行时联成 Y 形不能采用 Y-Δ 起动的鼠笼式异步电动机。如图 5-17 所示,自耦变压器降压起动是一种用于电动机起动的技术,通过降低电动机起动时的电压来减少起动电流,从而保护电动机和电网。

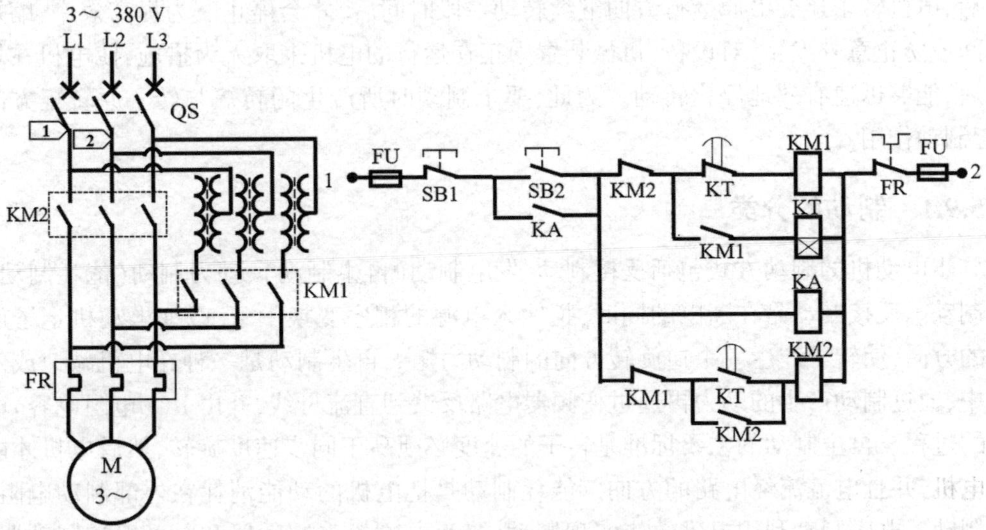


图 5-17 自耦变压器降压起动电路图

以下是其工作原理、工作步骤和优缺点:

①工作原理

自耦变压器是一种特殊类型的变压器,其原边和副边共享一部分绕组。在起动时,电动机通过自耦变压器的副边接入电网,从而获得较低的起动电压。自耦变压器降压起动适用于起动电流较大的电动机,如大型工业电机、水泵、风机等。它特别适用于那些需要频繁起动和停止的场合。起动时,自耦变压器的抽头可以调整,以提供不同的电压比,从而实现不同的起动电压。常见的有 65%、80%、100%等抽头。电动机起动并达到一定转速后,通过切换装置将电动机直接接入电网,以全电压运行。

②工作步骤

在起动阶段,电动机通过自耦变压器的副边接入电网,获得较低的起动电压,起动电流较小。加速阶段中,电动机逐渐加速,达到接近额定转速。最后在切换阶段,通过切换装置(如接触器)将电动机直接接入电网,电动机以全电压运行。

③优缺点

自耦变压器法可以减少起动电流,降低了起动时的电流冲击,减少了对电网的影响;减少起动损耗,降低了起动时的电流和功率损耗,延长了电动机的使用寿命。并且,灵活性高,可以通过调整自耦变压器的抽头,适应不同的起动需求。

自耦变压器法的缺点是自耦变压器及其控制设备的成本相对较高,且维护复杂,需要定期维护自耦变压器和切换装置,增加了维护工作量。

## 5.9 制动

制动指的是实现运行中的电机迅速停车的技术措施。由于转子转矩的惯性作用,电源切断后,电机转子还会沿原运行方向继续转动一段时间后,才会停止。为提高效率、缩短惯转时间或防止意外发生,对设备、机械装置中正在运行的电机采取人为措施,使电机在切除电源后,能够迅速有效地停止转动。为此,要求制动时所产生的转矩与转子原转矩方向相反,起制动作用。

### 5.9.1 制动的分类

异步电动机的制动方式包括反接制动、发电制动(再生制动)、动力制动(能耗制动)与电磁制动。反接制动是在断电的同时,把输入电源的相序变换一下,改变电动机定子旋转磁场的方向,使转子产生一个逆旋转方向的制动力矩。再生制动是一种在电机减速或停止过程中,通过制动产生的动力再通过变频器电路反馈到直流母线,并由 RC(电阻电容)电路吸收的过程。再生制动的主要标准是转子的速度必须高于同步速度旋转,然后电机才能充当发电机,并且电流流经电路的方向。能耗制动是把电机的动能消耗在外部制动电阻上,实现制动。电磁制动利用电磁效应实现制动,分为电磁粉末制动器和电磁涡流制动器,电磁摩擦式制动器等多种形式。电磁粉末制动器在激磁线圈通电时形成磁场,磁粉在磁场作用下磁化,形成磁粉链,并在固定的导磁体与转子间聚合,靠磁粉的结合力和摩擦力实现制动。电磁涡流制动器则是在激磁线圈通电时形成磁场,制动轴上的电枢旋转切割磁力线而产生涡流,电枢内的涡流与磁场相互作用形成制动力矩。制动的分类如图 5-18 所示。

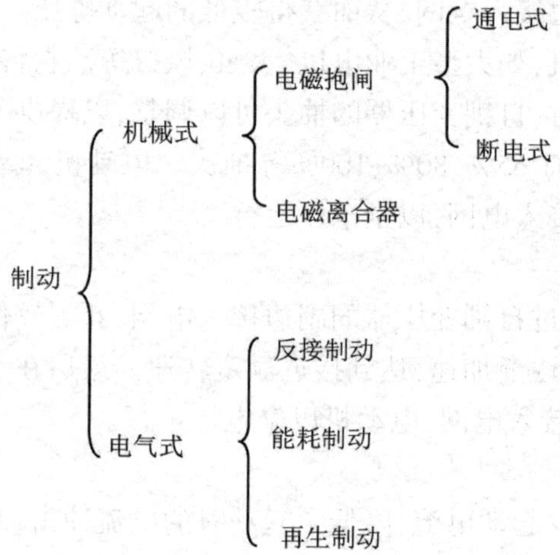


图 5-18 制动的分类

### 5.9.2　典型制动电路

(1)断电型电磁抱闸

断电型电磁抱闸是一种机械制动装置,它通过电磁力来控制机械设备的停止或固定。如图 5-19 所示,断电型电磁抱闸主要由制动电磁铁和闸瓦制动器两部分组成。制动电磁铁包括铁芯、衔铁和线圈,而闸瓦制动器则包括闸轮、闸瓦和弹簧等,闸轮与电动机装在同一根转轴上。当电动机接通电源时,断电型电磁抱闸线圈也得电,衔铁吸合,克服弹簧的拉力使制动器的闸瓦与闸轮分开,电动机得以正常运转。当断开开关或接触器,电动机失电,同时断电型电磁抱闸线圈也失电,衔铁在弹簧拉力作用下与铁芯分开,并使制动器的闸瓦紧紧抱住闸轮,电动机被制动而停转。

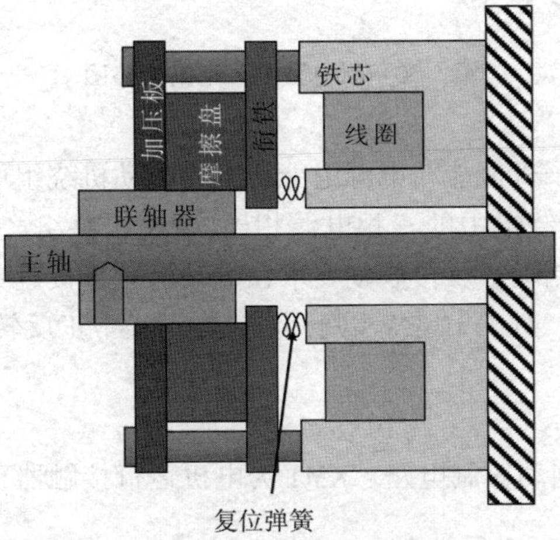


图 5-19　断电型电磁抱闸原理图

电磁抱闸广泛应用于各种机械设备中,如起重机等,它通过电磁铁产生的电磁力来实现机械运动的控制和停止,具有结构简单、可靠性高、响应速度快等优点。电磁抱闸制动力强,广泛应用于起重设备上,安全可靠,不会因为突然断电而发生事故。然而,电磁抱闸体积较大,制动器磨损严重,快速制动时可能会产生振动。

断电型电磁抱闸的设计确保了在电源突然中断时,设备能够迅速安全地停止,防止因惯性作用导致的意外事故,特别是在起重设备等安全要求较高的设备中非常重要。如图 5-20 所示,断电型电磁抱闸电路基于电动机基本的长动控制回路,操纵与原理与长动控制相仿。区别是在 KM1 主触点与电机之间,增加了电磁抱闸装置的主线圈 YB。当电机运行时,YB 使能,使得抱闸松开,电机正常运行。当需要停车时,按下 SB1,由于 KM1 的切断导致 YB 线圈断电,使得抱闸复位,通过摩擦阻尼快速降低电机转速,实现快速停车。

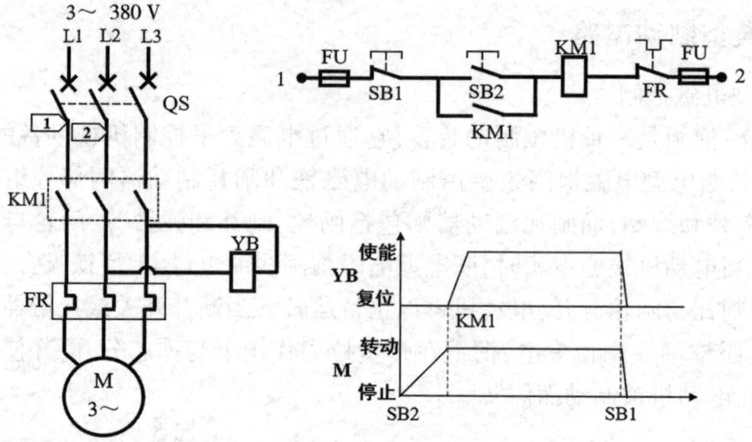


图 5-20　断电型电磁抱闸电路图

(2)反接制动

反接制动,是指将转子机械能与电源电能转换为电动机绕组中的热能的制动方式。原理是改变异步电动机定子绕组中的三相电源相序,使定子绕组产生方向相反的旋转磁场,从而产生制动转矩,实现制动。反接制动要求在电动机转速接近零时及时切断反相序的电源,以防电动机反向启动。对于 10 kW 以下小容量、不经常正反转的电动机,可以利用反接制动实现快速停车。

典型电路:

图 5-21 为单向反接制动控制电路。KM1 为电机运行接触器,KM2 为反接制动接触器,R 为限流电阻。

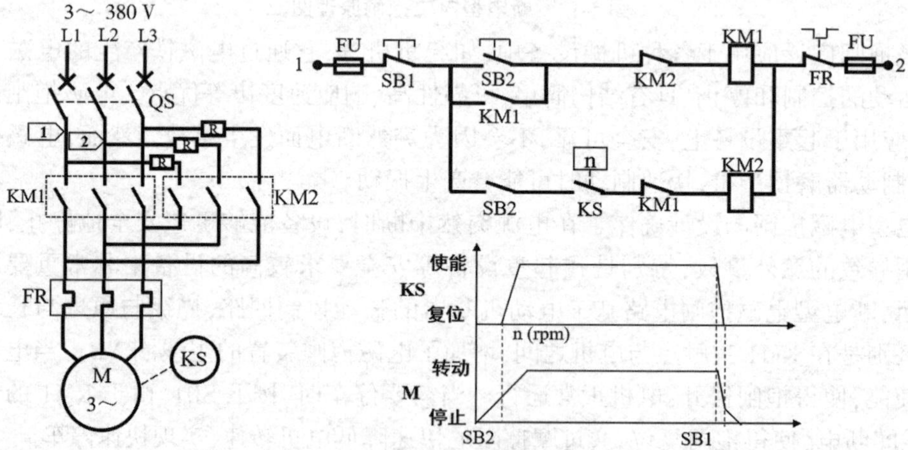


图 5-21　单向反接制动控制电路

制动分析:

按下停车按钮 SB1,KM1 线圈断电复位;KM2 线圈通电自锁,实现反接制动,转速 $n$ 接近零时,速度继电器 KS 常开触点打开,导致 KM2 线圈断电,反接制动结束。

制动分析:

a.反接制动时，由于流入定子绕组的电流超过其额定值，因此，必须接入限流电阻，以防止定子绕组过热；

b.反接制动采用速度继电器控制时，应防止电机的反向起动运行；采用点动方式时，则无此现象。

## 5.10　电控系统设计的一般原则

电控系统设计是一个复杂的过程，在设计电控系统时，应首先进行详尽的需求分析，明确系统的功能和性能指标。接着，采用模块化设计方法，将系统分解为多个功能模块，以提高可维护性和可扩展性。同时，必须考虑系统的可靠性和安全性，通过冗余设计和故障处理机制来确保稳定运行。易用性和可测试性也是设计中的重要考虑因素，它们直接影响用户体验和测试效率。此外，成本效益分析有助于在性能和成本之间找到最佳平衡点。环境适应性设计确保系统能在不同条件下稳定工作，而遵循标准化和规范化则增强了系统的兼容性和互操作性。软硬件的协同设计和迭代开发方法有助于提高整体性能和设计质量。

最大限度地满足（或实现）生产机械或工艺（或用户）对控制的要求。

要结合实际需求、能力、技术现状、适用性、性价比等多方面进行比较。

在满足控制需求的条件下，控制力求安全、可靠、简单实用、经济。

a.要尽量选用大家熟知的常用常见的控制方式；

b.要尽量选用标准的、同系列、同型号的常规器件，并尽可能减少使用数量；

c.简单并不意味着低水平、低层次、低技术含量；

d.对现行成熟技术不宜做修改。

保证控制线路的可靠与安全。

a.同一线路中电磁式电器的电压等级应保持一致，且并联连接；

b.辅助电路工作时，除必要通电电器外，不工作电器尽量不通电，以利节能，减少电器散热量，延长使用寿命；

c.控制环节应简单明了，减少连接导线，正确连接触点，简化电路，避免烦琐；

d.避免寄生电路，即防止因为一个用电器运行，导致另外一个用电器非预期的同时运行；

e.频繁可逆运行环节，应采取机械电气双重联锁；

f.应有完善有效的保护环节，即使误操作也能防止故障发生；

g.小容量触点通断大容量电磁线圈时，应利用中间继电器过渡。

线路编号应具有唯一性，且与现场实际接线编号保持一致。

为日后的操作、维护等尽量提供方便。

## 5.11 本章小结

理解电机控制系统概念，掌握以下控制电路：
全压起动：点动、长动、方向、顺序控制。
减压起动：Y-启动，自耦变压器启动。
制动：抱闸制动、反接制动。

## 5.12 章节习题

1.液压、气动、电机系统作为执行器时各有什么特点？
2.什么是电机控制中的“启保停”？
3.电机控制电路的安全措施有哪些？
4. Y-降压起动的核心元件是？
5.反接制动的原理是什么？
6.试分析图 5-22 电路功能。

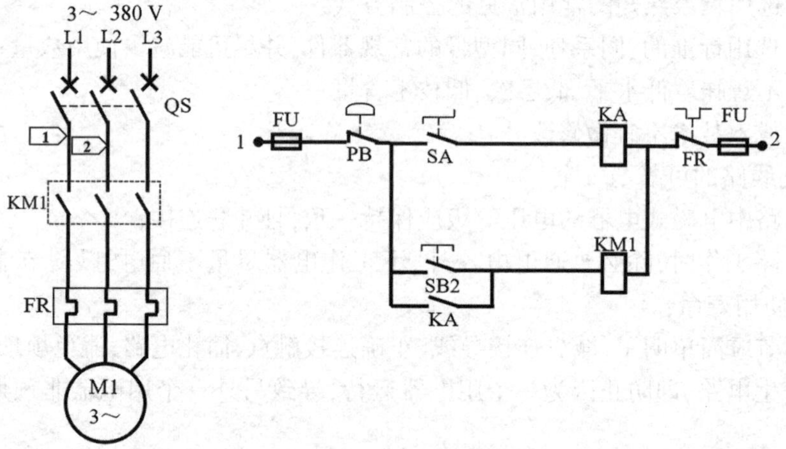


图 5-22 电机控制电路分析

7.试绘制图 5-22 电路时序图。

# 第6章

# 布尔代数逻辑设计

布尔代数逻辑设计是一种基于布尔代数的数学方法,广泛应用于数字电路设计和计算机科学中。布尔代数在19世纪中逐渐完善,它使用逻辑运算符来处理逻辑表达式,从而实现复杂的逻辑功能。布尔代数逻辑设计是一种强大的工具,能够帮助工程师和科学家设计和实现复杂的逻辑系统。布尔代数逻辑设计在数字电路设计、计算机科学、控制理论等领域有广泛的应用。例如,布尔代数可指导设计加法器、计数器、存储器等数字电路的设计,也可指导PLC等逻辑控制系统的构建。本章将从布尔代数入手,对于顺序控制系统利用逻辑设计方法进行构建,实现参数化的顺序控制电路设计。

## 6.1 布尔代数基础

### 6.1.1 基本概念

布尔代数是逻辑学和数学的一个重要分支,用于处理二元变量的值,即只有两种可能的状态:真和假。这种代数是由英国数学家乔治·布尔(George Boole)在19世纪中叶提出的,因此得名。布尔代数在计算机科学、数字电路设计、集合论和逻辑学等领域有着广泛的应用。

在布尔代数中,变量只能取两个值:0(假)和1(真)。对于变量,能够采取包括与(AND)、或(OR)、非(NOT)、异或(XOR)和同或(XNOR)等逻辑运算。常用的逻辑运算函数,如表6-1所示。

表6-1 常用的逻辑运算函数

| 函数 | 运算符 | 含义 | 举例 |
| --- | --- | --- | --- |
| 与 | ∧,*,· | 当所有输入都为1时,输出为1 | 1*1=1; 1*0=0 |
| 或 | ∨,+ | 当至少有一个输入为1时,输出为1 | 1+0=1; 0+0=0 |
| 非 | ¬,!,~ | 反转输入值,1变为0,0变为1 | ¬1=0 |
| 异或 | ⊕ | 当输入值相同时输出为0;输入值不同时输出为1 | 1⊕0=1; 1⊕1=0 |
| 同或 | ⊙ | 当输入值相同时输出为1;输入值不同时输出为0 | 0⊙0=1; 1⊙0=0 |

除了使用数学符号，布尔代数还可以用电路图（如与门、或门、非门）来表示。布尔代数提供了一种形式化的方法来描述和分析逻辑关系，这在设计复杂的数字系统和计算机程序时尤为重要。

### 6.1.2 真值表

为了对复杂的逻辑关系进行全面的展示，通常会用到真值表。真值表是一种在逻辑学、数学和计算机科学中使用的表格，用于展示逻辑表达式在所有可能的变量值组合下的结果。它是一种系统化的方法，用于分析和理解逻辑表达式的行为。真值表通常包括变量列（输入）以及表达式列（输出）。对于 $n$ 个变量，真值表将有 $2^n$ 行，每行代表一种变量值的组合。

那么如何构建真值表？一般来说，首先确定逻辑表达式中涉及的所有布尔变量。按照变量的顺序列出所有可能的组合。然后对于每一行的变量值组合，计算逻辑表达式的结果，并在结果列中填入相应的值（0 或 1）。假设有两个布尔变量 $x$，$y$，想要计算 $\neg x$，$\neg y$，$x \cdot y$ 以及 $x+y$ 的真值表。那么，根据排列组合可知 $x$，$y$ 共有 $2^2$ 即 4 种组合，可列出为 00，01，10，11。对应填入真值表前两列，之后根据对应布尔函数，计算出所在行的结果，如表 6-2 所示。

表 6-2 真值表

| $x$ | $y$ | $\neg x$ | $\neg y$ | $x \cdot y$ | $x+y$ | |
|---|---|---|---|---|---|---|
| 0 | 0 | 1 | 1 | 0 | 0 | |
| 1 | 0 | 0 | 1 | 0 | 1 | |
| 0 | 1 | 1 | 0 | 0 | 1 | |
| 1 | 1 | 0 | 0 | 1 | 1 | |

## 6.2 基本逻辑设计

### 6.2.1 布尔代数与电路

通过将开关转换为真值表中的变量，用变量名来表征电路关系，则实现了电路与布尔代数的等效化。传感器的“开”与“关”分别对应布尔量的“1”与“0”，执行器的“行”与“止”分别对应布尔量的“1”与“0”，条件的确立由布尔运算决定；输出由布尔运算的结果决定，如图 6-1 所示。根据图中示意，基于与或非电路，可以构建任意开关逻辑电路，方便对于机电系统进行顺序控制。

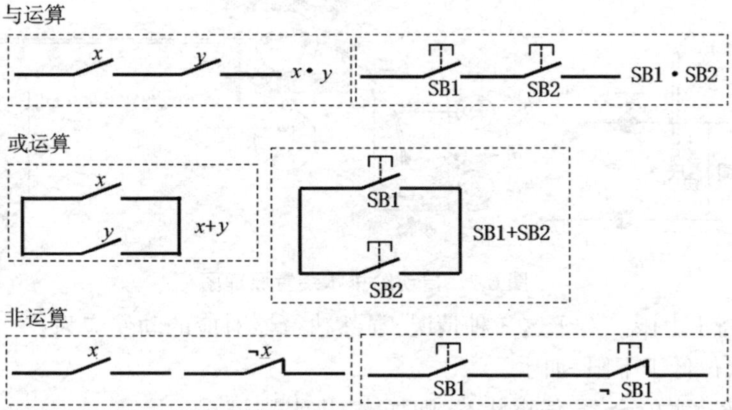


图 6-1　布尔运算与电路示意图

### 6.2.2　设计步骤

①定义问题:明确需要实现的逻辑功能和输入输出要求。

②绘制真值表:列出所有可能的输入组合及其对应的输出结果。

③写出逻辑表达式:根据真值表,写出描述逻辑关系的布尔表达式。

④简化逻辑表达式:使用布尔代数的规则(如幂等律、吸收律、分配律等)简化表达式,减少逻辑门的使用。除符合交换律、结合律及分配律外,还有以下常用规律。$A+1=1$;$A\cdot 1=A$;$A\cdot A=A$;$A+A\cdot B=A$;$A+\neg A\cdot B=A+B$;$(A+B)\cdot(A+C)=A+BC$;$A+\neg A=1$。

⑤绘制逻辑图:将简化后的逻辑表达式转换为逻辑图,使用 AND、OR、NOT 等逻辑门表示。

⑥实现电路:根据逻辑图设计电路,使用逻辑元件(开关、继电器、接触器等)构建电路。

### 6.2.3　案例分析一

某一自动水箱因工艺要求需将液面高 $h$ 保持在$[h_{\min}, h_{\max}]$,如图 6-2 所示。该水箱采用三相异步电动机驱动齿轮泵,通过控制电机转向,可实现从水源取水或者从水箱排水两种功能。在操作中,由于人工操控的劳动强度大,现拟通过顺序控制电路设计实现自动水位控制。

①目标:将液面高 $h$ 保持于 $h_{\min}$ 与 $h_{\max}$ 之间。

②传感元件:浮球开关 SQ1 与 SQ2。已知浮球开关可反馈液面是否到达对应传感器位置。若水位大于等于安装的传③感器位置,输出为 1;反之为 0。

④执行元件:三相异步电动机,其中 KM1 主触点控制加水,KM2 控制排水。

⑤控制类型:三相异步电动机的正反转控制。

根据上述分析,首先确定系统的输入输出,并构建对应真值表。

(1)真值表

经分析,水箱液面高度存在 3 种情况,即 $h<h_{\min}$ 水位低于下限,$h_{\min}<h<h_{\max}$ 水位合适,或

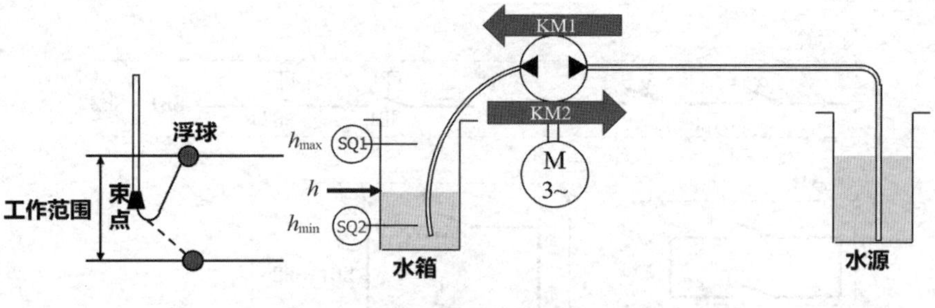


图 6-2　自动给排水装置原理图

者 $h>h_{max}$ 水位高于上限。对于这 3 种情况，显然执行器对应的动作应为：

①$h<h_{min}$ 水位低于下限，加水；

②$h_{min}<h<h_{max}$ 水位合适，任意状态，即加水、排水均可；

③$h>h_{max}$ 水位高于上限，排水；

根据上述逻辑关系，可知真值表的输入应为 $SQ_1$ 与 $SQ_2$，输出为 $KM_1$ 和 $KM_2$。于是，构建真值表如表 6-3 所示。

表 6-3　真值表

| $SQ_1$ | $SQ_2$ | $KM_1$ | $KM_2$ |
|---|---|---|---|
| 0 | 0 | 1 | 0 |
| 0 | 1 | 1 | 0 |
| 1 | 1 | 0 | 1 |

分析上述真值表，发现仅有 3 种工况，对于 2 个输入的真值表，应当有 4 种工况，于是，将真值表补充完整，得到表 6-4。然而，简单分析后发现，$SQ_1=1$，$SQ_2=0$ 的工况有不合理之处，即根据传感器信号，在这种工况下水位高于最高水位，但低水位处的传感器未被触发，说明传感系统发生错误。于是，为了表征这种错误的工况，增加新的一列 $KM_3$，用于故障指示灯。需要注意的是，并不是所有的控制任务都能形成完整的真值表，对于真值表中具体某行是否具有物理意义，需要具体问题具体分析。一般来说，对于矛盾的传感或者开关输入，需要设置故障声光报警，防止损坏设备或者误操作。

表 6-4　补充后的真值表

| $SQ_1$ | $SQ_2$ | $KM_1$ | $KM_2$ | $KM_3$ |
|---|---|---|---|---|
| 0 | 0 | 1 | 0 | 0 |
| 0 | 1 | 1 | 0 | 0 |
| 1 | 0 | — | — | 1 |
| 1 | 1 | 0 | 1 | 0 |

(2)逻辑表达式

根据构建的真值表，将每行用变量与的方式，写出结果为 1 的布尔代数式，即：

$$KM_1 = \neg SQ_1 \cdot \neg SQ_2 + \neg SQ_1 \cdot SQ_2$$

$$KM_2 = SQ_1 \cdot SQ_2$$

$$KM_3 = SQ_1 \cdot \neg\ SQ_2$$

对于上述布尔代数式，$KM_2$ 与 $KM_3$ 显然已是最简形式，但是 $KM_1$ 可以进一步化简。根据布尔代数运算关系，有：

$$\begin{aligned} KM_1 &= \neg\ SQ_1 \cdot \neg\ SQ_2 + \neg\ SQ_1 \cdot SQ_2 \\ &= \neg\ SQ_1(\neg\ SQ_2 + SQ_2) \\ &= \neg\ SQ_1 \end{aligned}$$

于是，$KM_1$ 的最终表达式即是 $\neg\ SQ_1$。根据图 6.2，可以分析其物理含义，即只要水面低于 $h_{min}$，系统就持续加水。

(3) 电路构建

对于获得的 *KM*1 ~ *KM*3 布尔代数式，可以很方便地绘制出对应的电路，接着，将得到的电路进行并联，即可得到能够实现基本功能的顺序控制电路，如图 6-3 所示。

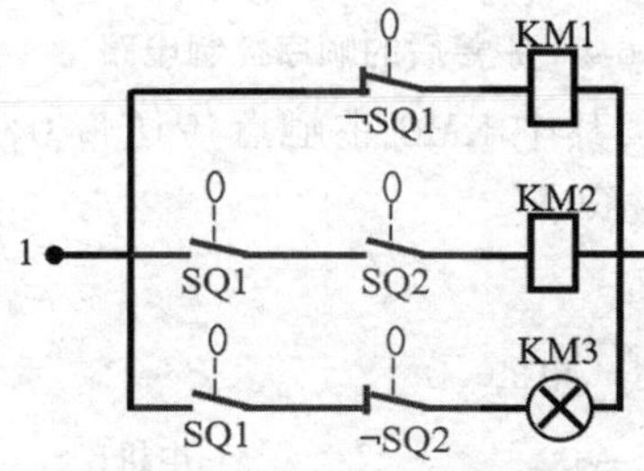


图 6-3　控制电路雏形

然而，这个初步的控制电路只是实现了最基本的功能，并未安装主电路、安全防护以及停止按钮。于是，设计所需的三相异步电机可逆运行电路，在控制电路上安装用于防止线圈短路的电气互锁以及过载保护等，得到最终完善后的电路如图 6-4 所示。

接下来，分析设计得到的顺序控制电路功能。从图中的主电路部分可知，三相 380 V 交流电首先经过断路器方可进入控制电路，实现对于电源的隔离。KM1 和 KM2 为接触器的主触点，分别对应正转与反转的电机绕组接法。在电机前端的绕组处连接热继电器，实现对于绕组电流强度的监测，防止过载。在右侧的控制电路中，当水位低于最低点时，即只要 SQ1 未触发，KM1 线圈得电，电机带动齿轮泵从水源泵水；当水位高于最高点时，即 SQ1 和 SQ2 均触发时，KM2 线圈得电，电机带动齿轮泵从水箱排水。当出现传感异常时，KM3 灯光报警。最终，如果想要停止设备，可以按下开关 SB1 实现停车。

### 6.2.4　案例分析二

对于自动化生产线而言，经常需要对于物料进行分流，如图 6-5 所示。该物料分拣系统包括入口的传送带 0，出口的传送带 1、2 以及气缸驱动的推板。传送带均由三相异步电机驱动，气缸为单作用气缸。操作时需要通过按钮切换出入口传送带对应关系。

①目标：通过开关切换出入口传送带。

②传感元件：限位开关 SQ1 与 SQ2。已知限位开关可反馈推板是否到达对应传感器位置。到位输出为 1；反之为 0。

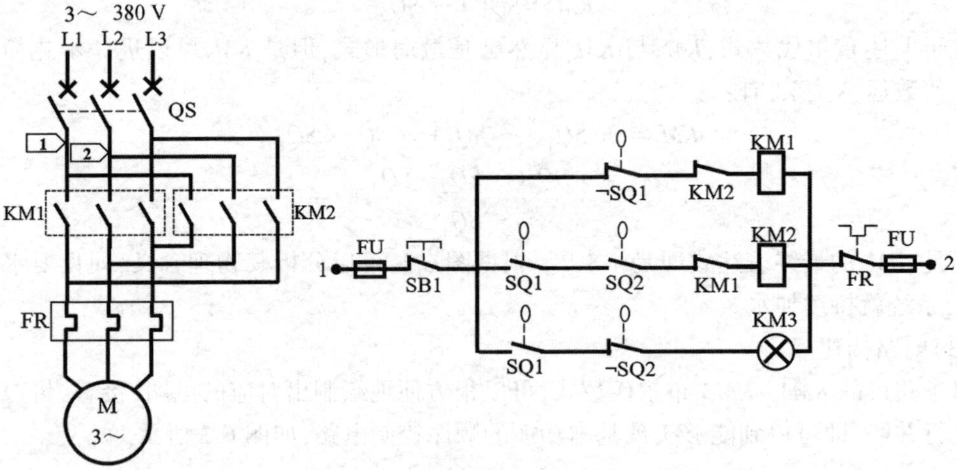


图 6-4 完善后的顺序控制电路

③执行元件:三相异步电动机,其中 KM0 主触点传送带 0,KM1 主触点传送带 1,KM2 控制传送带 2,KA 主触点控制电磁阀。

④控制类型:顺序起停控制。

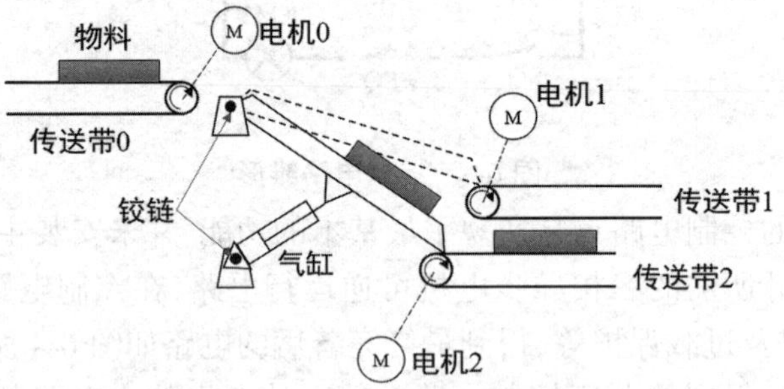


图 6-5 物料分流装置示意图

(1)真值表

经分析,正常工作中存在以下情况,设启动按钮为 SB1:

①按钮 SB1 按下,传送带 0 启动:$SB_1=1$,$KM_0=1$;

②按钮 SB1 按下,按钮 SB2 按下,气缸伸出:$SB_1=1$,$SB_2=1$,$KA=1$;

③气缸伸出到达限位,SQ1 被触发,传送带 1 开始工作:$SB_2=1$,$SQ_1=1$,$KM_1=1$;

④按钮 SB1 按下,按钮 SB3 按下,气缸缩回:$SB_1=1$,$SB_3=1$,$KA=0$;

⑤气缸缩回到达限位,SQ2 被触发,传送带 2 开始工作:$SB_3=1$,$SQ_2=1$,$KM_2=1$。

根据上述描述,可知系统输入为 $SB_1$,$SB_2$,$SB_3$,$SQ_1$以及 $SQ_2$,输出为 $KM_0$,$KM_1$,$KM_2$与 $KA$。然而,对于系统工况进行观察,发现 SB1 与 KM0 只要系统起动后即一直保持运行,也就是可以将其作为系统的前序条件而先不予考虑,于是构建真值表如表 6-5 所示。

表 6-5 物料分流系统真值表

| $SQ_1$ | $SQ_2$ | $SB_2$ | $SB_3$ | $KM_1$ | $KM_2$ | $KA$ |
|---|---|---|---|---|---|---|
| 0 | 0 | 0 | 0 | 0 | 0 | 0 |
| 0 | 0 | 0 | 1 | 0 | 0 | 0 |
| 0 | 0 | 1 | 0 | 0 | 0 | 1 |
| 0 | 0 | 1 | 1 | 0 | 0 | 0 |
| 0 | 1 | 0 | 0 | 0 | 0 | 0 |
| 0 | 1 | 0 | 1 | 0 | 1 | 0 |
| 0 | 1 | 1 | 0 | 0 | 0 | 0 |
| 0 | 1 | 1 | 1 | 0 | 0 | 0 |
| 1 | 0 | 0 | 0 | 0 | 0 | 0 |
| 1 | 0 | 0 | 1 | 0 | 0 | 0 |
| 1 | 0 | 1 | 0 | 1 | 0 | 1 |
| 1 | 0 | 1 | 1 | 0 | 0 | 0 |
| 1 | 1 | 0 | 0 | 0 | 0 | 0 |
| 1 | 1 | 0 | 1 | 0 | 0 | 0 |
| 1 | 1 | 1 | 0 | 0 | 0 | 0 |
| 1 | 1 | 1 | 1 | 0 | 0 | 0 |

(2)逻辑表达式

根据构建的真值表,将每行用变量与的方式,写出结果为 1 的布尔代数式,并进行化简,即可得到控制系统的逻辑表达式:

$$KA = \neg SQ_1 \cdot \neg SQ_2 \cdot SB_2 \cdot \neg SB_3 + SQ_1 \cdot \neg SQ_2 \cdot SB_2 \cdot \neg SB_3$$

$$= \neg SQ_2 \cdot SB_2 \cdot \neg SB_3(\neg SQ_1 + SQ_1) = \neg SQ_2 \cdot SB_2 \cdot \neg SB_3$$

$$KM_1 = SQ_1 \cdot \neg SQ_2 \cdot SB_2 \cdot \neg SB_3$$

$$KM_2 = \neg SQ_1 \cdot SQ_2 \cdot \neg SB_2 \cdot SB_3$$

(3)电路构建

根据获得的布尔代数式绘制出对应的电路,接着,将得到的电路进行并联,并补充主电路、主气路、安全及电气互锁,即可得到能够实现基本功能的顺序控制电路,如图 6-6 所示。

## 6.3 高级逻辑设计

在布尔代数和逻辑设计中,“规范形式”(Canonical Form)和“标准形式”(Standard Form)是用来描述布尔函数特定表示方法的术语。

(1)规范形式

规范形式是布尔函数的最简单和最基本的表示方式。其主要有两种规范形式:

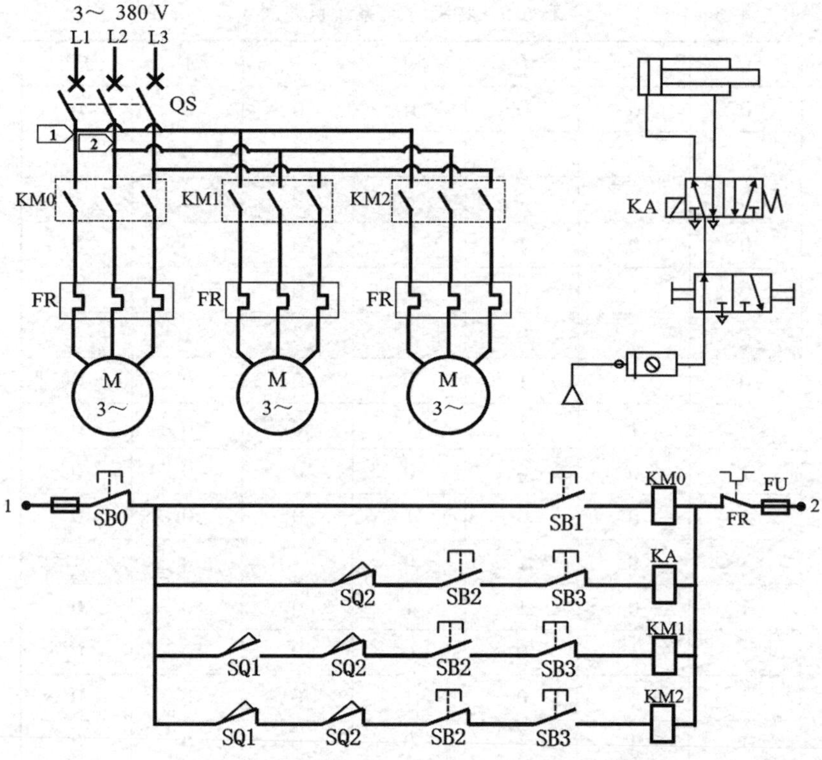


图 6-6　物料分流主电路、主气路与控制电路

①乘积之和(SOP):在这种形式中,布尔函数被表示为乘积(与操作)的和(或操作)。每个乘积对应一个最小项,即变量及其补码的唯一组合,使得函数值为真。

②求和乘积(POS):相反,在 POS 形式中,函数被表示为求和(或操作)的乘积(与操作)。每个求和对应一个最大项,即变量及其补码的组合,使得函数值为假。

(2)标准形式

标准形式是包括所有变量可能组合的布尔函数的特定表示。其有两种主要的标准形式:

①析取范式(DNF):这类似于 SOP 形式,但不一定是最简的。它将函数表示为析取(或)的合取(与),其中每个合取包括必须为真的字面量(变量或其否定),以使函数值为真。

②合取范式(CNF):类似于 POS 形式,但不一定是最简的,CNF 将函数表示为合取(与)的析取(或),其中每个析取包括必须为假的字面量,以使函数值为假。

### 6.3.1　最小项与最大项

积之和(SOP)亦称 Sum of minterms,代表了所有结果为 1 的表达式之或;和之积(POS)亦称 Product of maxterms,代表了所有结果为 0 的表达式之与。根据真值表输出值(1 或 0),将输出值为 1 的最小项求和或者将输出值为 0 的最大项求积即可得所求布尔代数式规范形式。如表 6-6 所示,以三变量真值表为例,展示最小项与最大项定义。

表 6-6 最小项与最大项

| $X$ | $Y$ | $Z$ | 最小项(各项之与) | 最大项(各项之或) |
|---|---|---|---|---|
| 0 | 0 | 0 | $m_0=\overline{X}\cdot\overline{Y}\cdot\overline{Z}=\min(\overline{X},\overline{Y},\overline{Z})$ | $M_0=X+Y+Z=\max(X,Y,Z)$ |
| 0 | 0 | 1 | $m_1=\overline{X}\cdot\overline{Y}\cdot Z=\min(\overline{X},\overline{Y},Z)$ | $M_1=X+Y+\overline{Z}=\max(\overline{X},\overline{Y},\overline{Z})$ |
| 0 | 1 | 0 | $m_2=\overline{X}\cdot Y\cdot\overline{Z}=\min(\overline{X},\overline{Y},\overline{Z})$ | $M_2=X+\overline{Y}+Z=\max(X,\overline{Y},Z)$ |
| 0 | 1 | 1 | $m_3=\overline{X}\cdot Y\cdot Z=\min(\overline{X},Y,Z)$ | $M_3=X+\overline{Y}+\overline{Z}=\max(X,\overline{Y},\overline{Z})$ |
| 1 | 0 | 0 | $m_4=X\cdot\overline{Y}\cdot\overline{Z}=\min(X,\overline{Y},\overline{Z})$ | $M_4=\overline{X}+Y+Z=\max(\overline{X},Y,Z)$ |
| 1 | 0 | 1 | $m_5=X\cdot\overline{Y}\cdot Z=\min(X,\overline{Y},Z)$ | $M_5=\overline{X}+Y+\overline{Z}=\max(\overline{X},Y,\overline{Z})$ |
| 1 | 1 | 0 | $m_6=X\cdot Y\cdot\overline{Z}=\min(X,Y,\overline{Z})$ | $M_6=\overline{X}+\overline{Y}+Z=\max(\overline{X},\overline{Y},Z)$ |
| 1 | 1 | 1 | $m_7=X\cdot Y\cdot Z=\min(X,Y,Z)$ | $M_7=\overline{X}+\overline{Y}+\overline{Z}=\max(\overline{X},\overline{Y},\overline{Z})$ |

对于积之和或和之积，习惯上用求和或者连乘式表达，根据真值表输出值(1 或 0)，将输出值为 1 的最小项求和或者将输出值为 0 的最大项求积即可得所求布尔代数式规范形式。以表 6-7 展示的真值表为例，可以写出其布尔代数规范形式如下：

$$F(A,B,C,D)=\sum m(0,1,2,4,6,8,9,11,13,15)$$

$$F(A,B,C,D)=\prod M(3,5,7,10,12,14)$$

例一：将以下表达式转换为 SOP 标准形式：

$$F=A+B'C$$

**解：**

$A=A(B+B')=AB+AB'$

已知：

$A=AB(C+C')+AB'(C+C')=ABC+ABC'+AB'C+AB'C'$

又知：

$B'C=B'C(A+A')=AB'C+A'B'C$

合并上述公式可得：

$F=A+B'C=ABC+ABC'+AB'C+AB'C'+AB'C+A'B'C$

$F=A'B'C+AB'C'+AB'C+ABC'+ABC=m1+m4+m5+m6+m7$

$\therefore$ SOP 为 $\sum m(1,4,5,6,7)$

表 6-7 最小项样例真值表

| Minterm | $A$ | $B$ | $C$ | $D$ | $F$ |
|---|---|---|---|---|---|
| 0 | 0 | 0 | 0 | 0 | 1 |
| 1 | 0 | 0 | 0 | 1 | 1 |
| 2 | 0 | 0 | 1 | 0 | 1 |
| 4 | 0 | 1 | 0 | 0 | 1 |
| 8 | 1 | 0 | 0 | 0 | 1 |

| | | | | | |
|---|---|---|---|---|---|
| 6 | 0 | 1 | 1 | 0 | 1 |
| 9 | 1 | 0 | 0 | 1 | 1 |
| 11 | 1 | 0 | 1 | 1 | 1 |
| 13 | 1 | 1 | 0 | 1 | 1 |
| 15 | 1 | 1 | 1 | 1 | 1 |

例二：将以下表达式转换为 POS 标准形式：

$$F = xy + x'z$$

解：

$F = xy + x'z = (xy + x')(xy + z) = (x + x')(y + x')(x + z)(y + z)$

$= (x' + y)(x + z)(y + z)$

根据布尔代数运算特性有：

$x' + y = x' + y + zz' = (x' + y + z)(x' + y + z')$

$x + z = x + z + yy' = (x + y + z)(x + y' + z)$

$y + z = y + z + xx' = (x + y + z)(x' + y + z)$

于是：

$F = (x + y + z)(x + y' + z)(x' + y + z)(x' + y + z')$

$\therefore$ POS 为 $\prod M(0, 2, 4, 5)$

### 6.3.2 解析化简方法

任意布尔函数都可以表示为最小项的和或最大项的乘积。由于 SOP 或 POS 的表达式中的项数量通常很高，而且实现布尔函数的数字开关的复杂性直接与实现函数的代数表达式的复杂性相关，因此最好进行代数表达式化简。

利用布尔代数运算来化简图 6-7 中的电路：

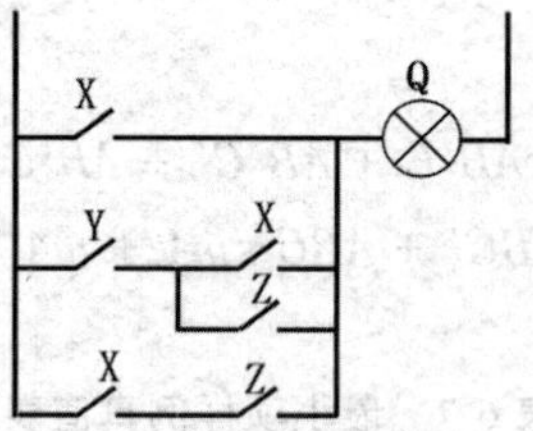


图 6-7 化简前的控制电路

由图可知：

$X + Y \cdot (X + Z) + X \cdot Z = Q$

$X + Y \cdot X + Y \cdot Z + X \cdot Z = Q$ 分配律

$X \cdot (1 + Y) + Y \cdot Z + X \cdot Z = Q$ 结合律

$\because 1 + Y = 1$

$\therefore X + Y \cdot Z + X \cdot Z = Q$

$X \cdot (1+Z)+Y \cdot Z=Q$

$X+Y \cdot Z=Q$

于是,根据简化后的布尔代数式,可以重新绘制控制电路如图 6-8 所示。可见,经过化简,电路使用的开关数量从 6 个降为 3 个,减少了 50%的触点使用量,不仅降低成本,同时也降低了故障概率。

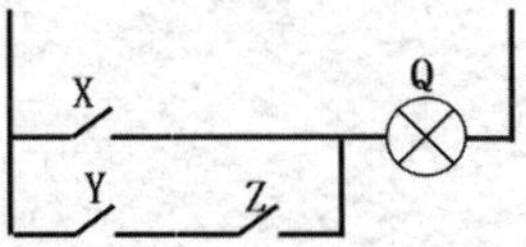


图 6-8　化简后的电路

### 6.3.3　K 图化简方法

根据变量构建卡诺图(以 $2^N$ 次方为对儿),对于 SOP 问题,在 K 图中放入真值表为 1 的输出;使用矩形框框选为 1 的值组,矩形框大小为 2,4,8 等;最后,根据划分的组,得到 SOP 公式。

**例**:试化简 $F = \sum m(1,3,6,7)$。

**解**:

根据布尔代数式,可首先绘制 K 图(K map)如图 6-9 所示。K 图的特点是将所有的变量组合在一张二维网格图上表示出来。之后根据 SOP 的表达形式,在网格中对应位置填"1"。最终,将相邻的"1"用矩形框框起。

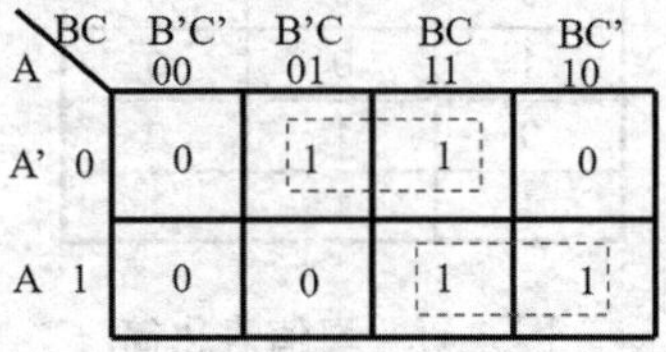


图 6-9　根据布尔代数式得到的 K 图

根据图中虚线框,可找到同时满足第一行虚线框内的输入变量组合为 $A'C$;同理,能够满足第二行虚线框内的输入变量组合为 $AB$。因此,利用 K 图化简后的布尔代数标准形式为:$F=A'C+AB$。一般来说,K 图法仅适用于变量数量为 3~4 个的情况。

## 6.4　本章小结

布尔代数逻辑设计是一种强大的工具,能够帮助工程师和科学家设计和实现复杂的逻辑系统。通过掌握布尔代数的基本原理和技巧,可以有效地解决各种逻辑设计问题。本章需掌握如何从电路图转化为布尔代数式、反转换以及电路化简技巧。

## 6.5 章节习题

1.布尔代数与驱动、传感元件状态有什么关系？

2.什么是 K map 法，能否描述？

3.如何利用布尔代数化简电路？

4.布尔代数的“0”代表什么？

5.利用布尔代数化简图 6-10 中的电路。

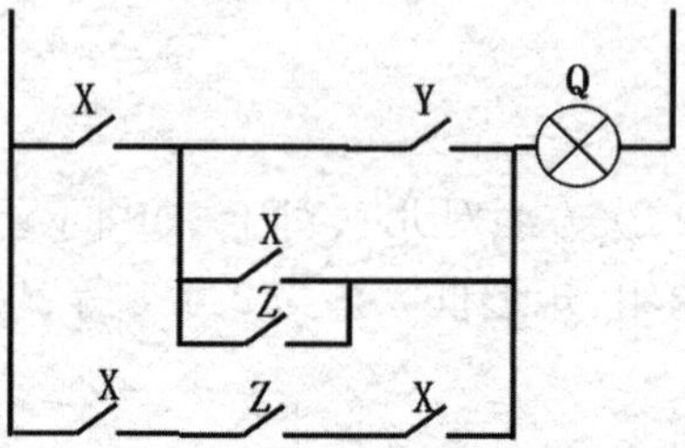


图 6-10 电路图化简

6.根据图 6-11 真值表给出布尔代数 SOP 形式。

| Input A | Input B | Output |
|---|---|---|
| 0 | 0 | 0 |
| 1 | 0 | 0 |
| 0 | 1 | 0 |
| 1 | 1 | 1 |

图 6-11 真值表化简

7.根据图 6-12 的 K 图，给出布尔代数标准形式。

| A \ BC | 00 | 01 | 11 | 10 |
|---|---|---|---|---|
| 0 | | | 1 | 1 |
| 1 | | | | |

图 6-12 K 图化简

8.由真值表利用 SOP 形式是否可直接得到系统的布尔代数式？

9.请给出图 6-13 真值表的规范与标准形式。

| $SQ_1$ | $SQ_2$ | $SB_2$ | $SB_3$ | $KM_1$ | $KM_2$ | $KA$ |
|---|---|---|---|---|---|---|
| 0 | 0 | 0 | 0 | 0 | 0 | 0 |
| 0 | 0 | 0 | 1 | 0 | 0 | 0 |
| 0 | 0 | 1 | 0 | 0 | 0 | 1 |
| 0 | 0 | 1 | 1 | 0 | 0 | 0 |
| 0 | 1 | 0 | 0 | 0 | 0 | 0 |
| 0 | 1 | 0 | 1 | 0 | 1 | 0 |
| 0 | 1 | 1 | 0 | 0 | 0 | 0 |
| 0 | 1 | 1 | 1 | 0 | 0 | 0 |
| 1 | 0 | 0 | 0 | 0 | 0 | 0 |
| 1 | 0 | 0 | 1 | 0 | 0 | 0 |
| 1 | 0 | 1 | 0 | 1 | 0 | 1 |
| 1 | 0 | 1 | 1 | 0 | 0 | 0 |
| 1 | 1 | 0 | 0 | 0 | 0 | 0 |
| 1 | 1 | 0 | 1 | 0 | 0 | 0 |
| 1 | 1 | 1 | 0 | 0 | 0 | 0 |
| 1 | 1 | 1 | 1 | 0 | 0 | 0 |

图 6-13　物料分流系统真值表

# 第7章

# PLC 指令系统与数据结构

## 7.1 PLC 结构及分类

### 7.1.1 PLC 结构

PLC 在目前的工程实践中广泛使用。如图 7-1 所示，PLC 的基本硬件组成主要包括 CPU、存储器、输入/输出(I/O)、电源、外设接口与通信接口。其中，CPU 作为 PLC 的控制中枢，负责逻辑运算和数学运算；存储器包括系统存储器和用户存储器，分别存放系统管理程序和用户程序。输入/输出(I/O)模块负责接收输入信号并输出控制信号，包括开关量和模拟量。电源为 PLC 内部电路提供稳定的工作电压。外设接口用于连接编程器、打印机等外部设备。通信接口实现与其他 PLC 或上位机的通信。

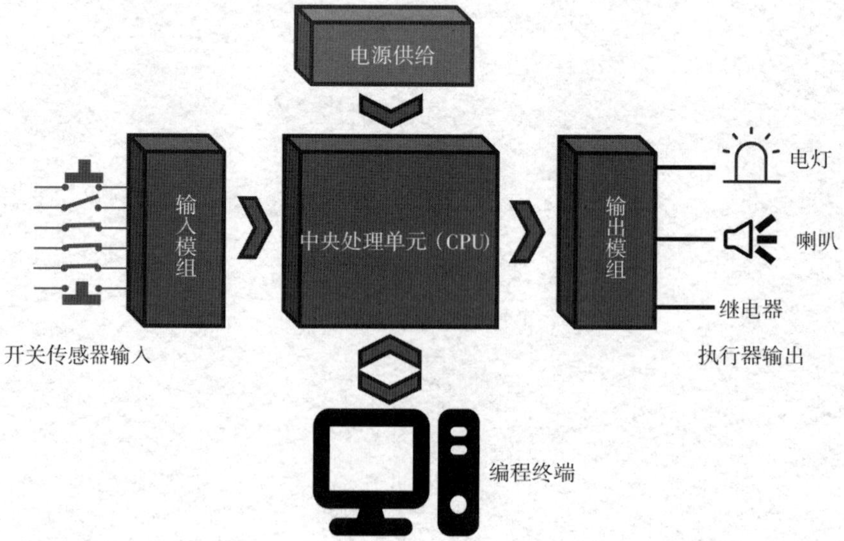


图 7-1　PLC 结构示意图

### 7.1.2　PLC 分类

PLC 可以根据不同的标准进行分类。PLC 按控制规模分：基于控制的开关量输入输出点数，可分为微型机、小型机、中型机、大型机和超大型机；按结构划分：可分为箱体式和模块式，模块式 PLC 具有更高的灵活性和扩展性；按生产厂家分：不同厂商生产的 PLC 型号和规格各异，如西门子、OMRON、GE 等。按 I/O 点数和存储器容量分类：小型机通常点数在 256 以下，中型机在 256 到 2 048 点之间，大型机则在 2 048 点以上。按结构形式分：整体式结构紧凑，模块式结构灵活，混合式结合了两者的特点。按功能分：低端 PLC 主要用于逻辑控制，中端 PLC 增加了模拟量处理和通信功能，高端 PLC 具备更强大的运算和联网能力。

PLC 的主要特点是：

①高可靠性。采用高集成度的单片机和保护电路，具备自诊断功能。

②编程容易。使用梯形图等简单的编程语言，易于掌握。

③组态灵活。积木式结构，方便根据需求进行系统配置和扩展。

④丰富的输入/输出模块。具备数字量输入输出、模拟量输入输出等模块适应不同类型的现场信号和设备。

⑤安装方便。无需专用机房或严格屏蔽措施，连接简单。

⑥运行速度快。程序控制执行，响应迅速。PLC 的广泛应用和不断的发展使其成为现代工业自动化不可或缺的一部分。

### 7.1.3　PLC 主要技术指标

PLC(可编程逻辑控制器)的主要技术指标是衡量其性能和功能的重要依据，它们通常包括以下几个方面：

①实时时钟保持时间：例如，西门子 S7-1200 PLC 的实时时钟通常能保持 20 天，在 40 ℃环境下至少保持 12 天，使用特定电池板和电池则可达到大约 1 年的时间。

②数据断电保持时间：对于设置了断电保持的数据，理论上断电保持时间是无限的，但实际保持时间可能与运行环境、电源、EMC 等因素有关。

③断电保持数据区大小：不同版本的 CPU 断电保持性存储器大小不同，例如，固件版本为 V4.0 至 V4.4 的 CPU 为 10 kB，而 V4.5 及以上版本的 CPU 为 14 kB。

④工作存储器大小：不同型号的 CPU 具有不同的工作存储器大小，从 75 kB 到 250 kB 不等。

⑤装载存储器大小：装载存储器的大小也根据 CPU 型号不同而有所变化，范围从 1 MB 到 4 MB。

⑥额定电压：PLC 的电源范围，例如 DC/DC/DC 和 DC/DC/RLY 类型的 CPU，额定电压为 24 V DC，范围在 20.4 V DC 到 28.8 V DC；而 AC/DC/RLY 类型的 CPU，额定电压为 120/230 V AC，范围在 85 V AC 到 264 V AC，频率在 47~63 Hz。

⑦电容维持时间：断电后，CPU 的电容维持时间取决于供电类型，例如 AC 120 V 时为

20 ms,AC 240 V 时为 80 ms,DC 24 V 时为 10 ms。

⑧支持的代码块、定时器和计数器:PLC 支持的代码块、定时器和计数器的数量是衡量其功能的重要指标。

⑨安装环境:包括环境温度范围、湿度、大气压、污染物浓度等,确保 PLC 能在特定的工业环境中稳定运行。

⑩通信功能:包括支持的通信协议、最大控制 I/O 设备或 DP 从站数量、串口通信模块和通信板的参数等。

⑪工艺功能:如运动控制轴资源、高速计数器功能、PID 控制功能等,这些功能对特定工业应用至关重要。

⑫输入特性和输出特性:涉及 PLC 的输入输出信号类型、响应时间等硬件特性。

⑬软件指标:包括程序容量、编程语言、通信功能、运行速度、指令种类、组件种类和数量等。

## 7.2 PLC 的编程语言

### 7.2.1 梯形图(Ladder Diagram,LAD)

LAD 以图形方式显示程序,与电气原理图类似,LAD 程序允许程序仿真来自电源的电流通过一系列的逻辑输入条件,决定能否有逻辑输出。一个 LAD 程序包括左侧提供能量的能量线(母线),通断触点,直到右侧决定系统能否输出的线圈,如图 7-2 所示。

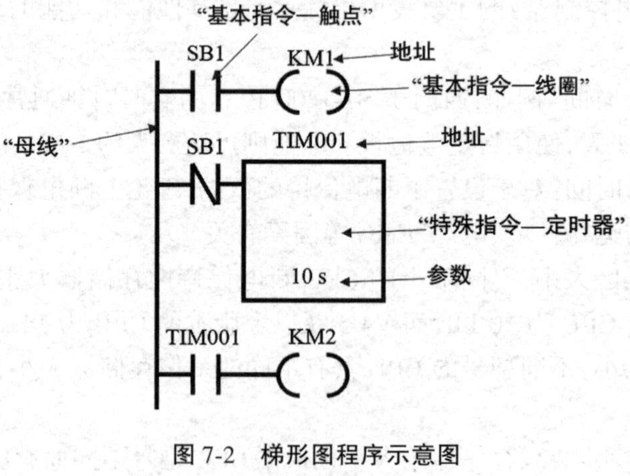


图 7-2 梯形图程序示意图

(1)梯形图格式

①梯形图两侧的竖线称为公共母线,通常右侧的母线可省略(由机型定);

②逻辑程序按从上到下的原则,按控制顺序依次写在两侧母线中间;

③每一逻辑行均从左侧母线开始,从左至右按 I/O 顺序绘制,并联逻辑行尽量靠近左侧母线;

用“—| |—”或“—|/|—”表示 I 接点的“常开”或“常闭”；

用“—○{—( ) —[ ]}”或“—□ [—□]”表示 O 的“输出线圈”或“功能线圈”。

(2)梯形图特点

①线圈、接点、继电器等术语及设计思想、方式方法均与继电接触控制无区别。

②梯形图中 I/O 分别对应于 PLC 存储器中的状态,它的常开/常闭与现场实际元件的接线方式无关。

③梯形图中的输入继电器不能由 PLC 内部继电器直接驱动,所以只有触点,而没有线圈;输出线圈通过输出端子,仅为现场执行器件提供信号通路,不能直接驱动负载。

④功能线圈只能在 PLC 内部使用。

⑤按照梯形图中逻辑行的排列顺序,前面逻辑行的运算结果,可以被后面的逻辑行直接“引用”,反之,则必须到下一扫描周期内才能被引用。

⑥信号有长短之分。一般认为,信号宽度为一个扫描周期的是短信号;超过的均为长信号。

### 7.2.2　指令列表

指令列表(Instruction List)是一种文本化编程语言,它提供了对 PLC 硬件的直接控制。指令列表采用一系列 PLC 认可的指令符(操作命令)组成的程序语句来表达控制逻辑。

(1)命令语句格式

地址 + 指令符 + 数据地址 + 操作数

(2)命令语句特点

需要注意的是,PLC 产品厂家不同,命令语句指令符并不完全一致,语句格式也有差异;数据也称参数必须在 PLC 允许的范围内;地址,也称为程序步序号。须从程序存储器起始位置起,按递增数列连续编号,中间不得留有空地址;必须用结束指令 END,来表示程序或程序段的结束或中断;命令语句与梯形图一一对应。

(3)逻辑功能

①布尔代数:根据布尔代数“或、与表达式”直接应用。

②功能块图:借用数字电路中的“与”“或”“非”门电路的方块图及其逻辑关系来表达控制功能。

③流程图:包括工艺流程和控制流程两类。根据流程制定相关约束关系从而实现控制功能。

### 7.2.3　高级语言

PLC 厂家考虑到更多计算机人士从事控制编程,以及 PLC 的联网能力,也采用了部分原本用于计算机的编程语言,如:BASIC、FORTARN、C、C++等,使计算机与 PLC 之间实现了交互式数据传输、处理、共享,也使得 PLC 有着更多、更强的计算机方面的功能。其中,结构化文本(Structured Text,ST)是一种常用的高级语言的文本编程语言,类似于 Pascal 或

C 语言。ST 使用结构化的描述文本来描述程序,适用于复杂的控制运算,常用于大中型 PLC 系统中描述变量之间的关系和完成所需的功能或操作。ST 的特点是易于阅读和编写,适合复杂的程序逻辑,但需要一定的计算机高级语言知识和编程技能。在最新版本的 MATLAB 中,可以利用 PLC code generator 直接生成结构化文本。

## 7.3 PLC 指令概述

### 7.3.1 PLC 变量地址的概念

与 C 语言类似,PLC 编程的对象是地址的数据。PLC 变量地址是 PLC 编程中的一个重要概念,它指的是 PLC 存储器中用于存储数据的具体位置。PLC 中有多种用途的存储区,例如物理输入输出区(P)、映像输入区(I)、映像输出区(Q)、位存储区(M)、定时器(T)、计数器(C)和数据块(DB)等。这些存储区可以用位(bit)、字节(byte)、字(word)、双字(dword)来衡量,而定时器和计数器仅用位来衡量。

如图 7-3 所示,梯形图程序包括 3 个关键概念。地址,即指定了内存中某个位置,相当于 C 语言中的"指针";通道,即连续相邻的地址;数据,代表了内存中某个位置的状态,即"0"或"1"。一个确切的 PLC 地址组成至少包含 2 个要素:存储的区域和这个区域中具体的位置。

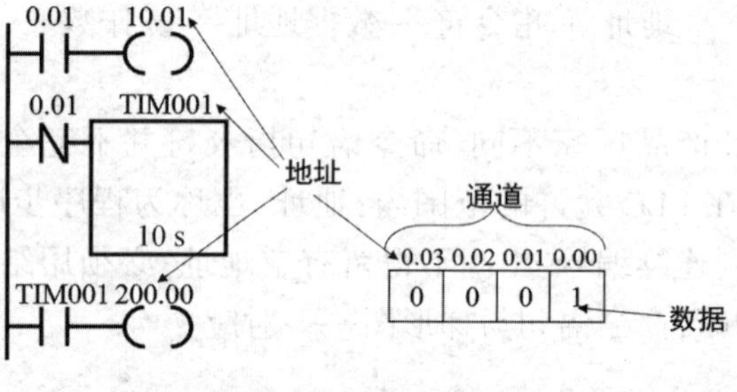


图 7-3　PLC 中的地址与通道

在 PLC 中,变量(Variable)是 RAM 存储器单元,用于存储数据,并且每个变量都有对应的符号名称,称为变量名。变量名通常由 ASCII 字母、下划线、减号以及数字组成。变量地址(Variable Address)允许我们将变量与特殊存储器区域关联起来,以实现 I/O 和通信访问功能。如图 7-4 所示,连续的地址段构成通道,对于通道的操作可以简化位操作。理解 PLC 变量地址的概念对于编程和维护 PLC 系统至关重要,它直接影响到程序的逻辑结构和数据的存储、访问方式。内存数据本身没有意义(或者说所有内存的数据都是平等的),只有赋予了地址及其对应的含义,数据才有意义。

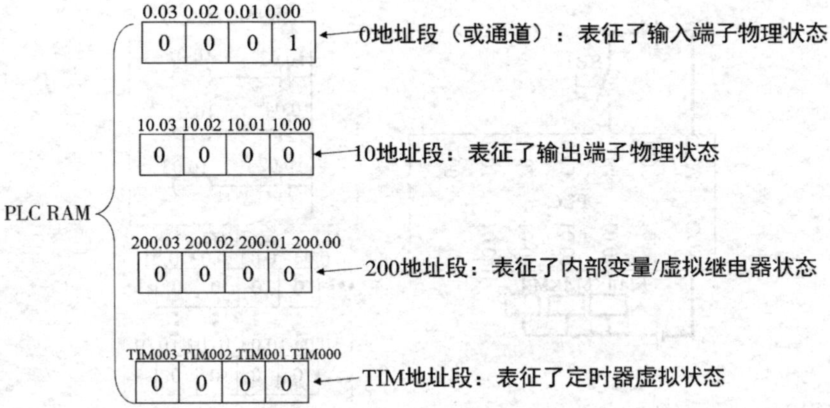


图 7-4　PLC 地址段

### 7.3.2　PLC 扫描周期

PLC 的扫描周期是其正常运行的关键参数，了解和监控扫描周期对于确保系统的稳定性和可靠性至关重要。扫描周期是其执行程序的时间周期，通常包括输入采样、程序执行和输出刷新三个阶段。扫描周期定义：PLC 的扫描周期是指从程序第一条指令开始，逐条顺序执行用户的程序直到程序结束，然后重新返回第一条指令，再开始下一次扫描的整个过程。这个过程的总时间称为扫描周期。

扫描周期主要受程序长度和指令复杂度的影响。程序越长，执行时间越长，扫描周期也越长。

看门狗时间：看门狗时间是 PLC 内部的一个硬件时钟，用于监视每次扫描时间。如果扫描时间超过设定的看门狗时间，PLC 会给出报警信号或停止工作，以避免系统故障。虽然不同型号的扫描周期不同，但是扫描周期通常在 1~100 ms。

在 PLC 的扫描周期当中，根据外部开关信号以及内部软继电器计算结果，PLC 内存状态随之改变：

外部开关改变 PLC 输入通道电平，输入扫描周期对应通道地址数据对应改变（高电平记为“1”，低电平记为“0”）；

在程序执行周期系统根据 LAD 计算结果将对应地址数据改变；

在输出扫描周期，PLC 将输出通道根据对应地址数据进行电平改变（数据结果“1”为输出高电平，数据结果“0”为输出低电平）。

为了理清 PLC 的扫描周期与指令的关系，参照图 7-5 中所示 PLC 外围接线与内存图，试了解在开关作用下的系统整体状态变化情况。图中左侧为 PLC 的外部接线图，展示了输入与输出通道是如何与外部世界连接的。根据图中示意，该控制器的 I/O 分配表如表 7-1 所示。

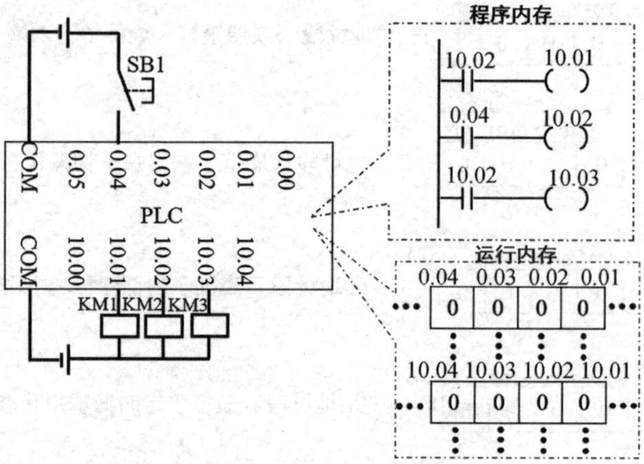


图 7-5　PLC 外围接线及内存示意图

表 7-1　I/O 分配表

| | 元件 | 地址 | | 元件 | 地址 |
|---|---|---|---|---|---|
| 输入端口 | SB1 | 0.04 | 输出端口 | KM1 | 10.01 |
| | — | — | | KM2 | 10.02 |
| | — | — | | KM3 | 10.03 |

根据外围电路设计与 I/O 分配表,可知系统具有单端常开输入按钮 SB1,通过外部有源开关的信号输入与否,实现对于系统状态的控制。如图 7-6 所示,在输入刷新周期中,如果 SB1 开关未按下,则 0.04 输入接口电平为 0 V。于是,在 PLC 输入刷新周期将对应地址(0.04)的数值置 0。如图 7-7 所示,如果 SB1 开关按下,则 0.04 输入接口电平由 0 V 提升至 5 V。于是,在 PLC 输入刷新周期将对应地址(0.04)的数值置 1。

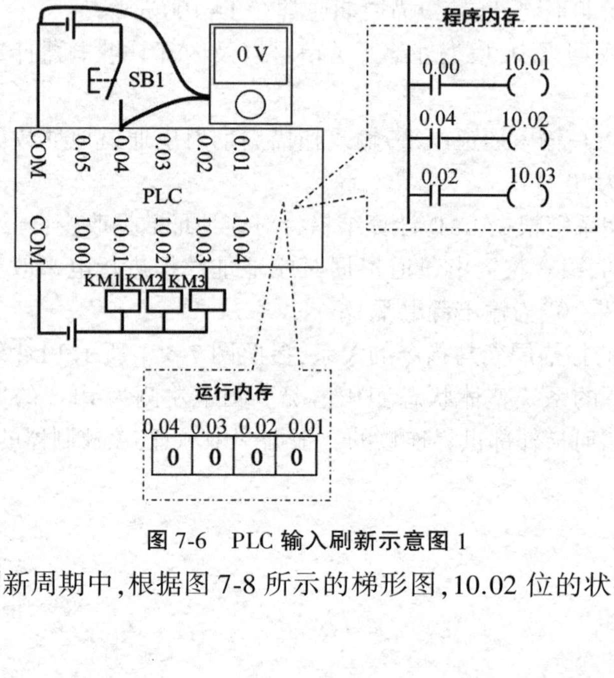


图 7-6　PLC 输入刷新示意图 1

同理,在输出刷新周期中,根据图 7-8 所示的梯形图,10.02 位的状态由 0.04 位的状态

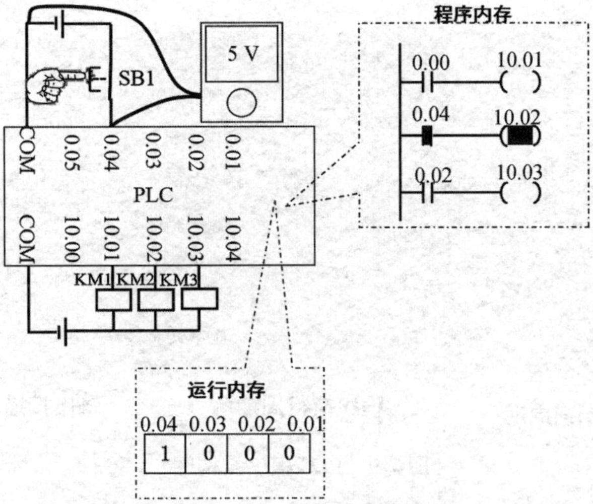


图 7-7　PLC 输入刷新示意图 2

直接决定。于是，在输出刷新周期，如果计算得到的 10.02 值为 1，则将对应地址（10.02）数值置 1。经过电路处理之后，输出寄存器的“1”状态将呈现为输出端口的高电平。于是，利用这个高电平，可以驱动如图 7-8 中所示的 KM1 线圈，实现对于外部设备的开关控制。

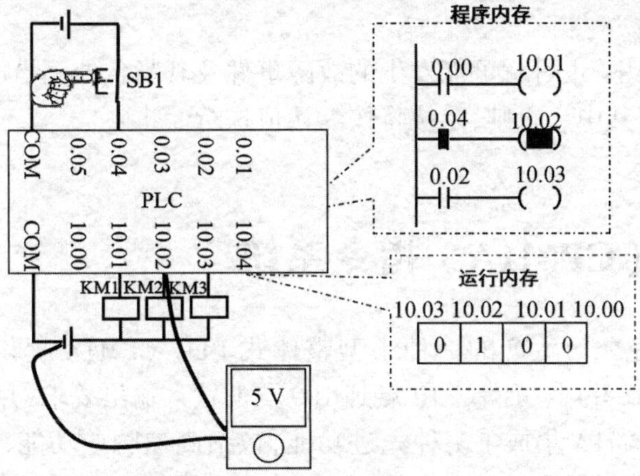


图 7-8　PLC 输出刷新示意图

### 7.3.3　程序结构

用户程序一般由一个主程序、若干个子程序和若干个中断程序组成，如图 7-9 所示。

主程序：主程序是程序的主体，每个项目（控制方案）必须且只能有一个主程序。主程序通过指令控制整个应用程序的执行，CPU 的每次扫描都要执行一次主程序，主程序可以调用子程序及中断程序。

子程序：子程序实质是完成不同控制任务的若干个指令块（也可认为是具有指定功能且被多次使用的程序段），各指令块之间没有控制上的逻辑关系，仅能被主程序调用。子程序的优点是简化程序代码，缩短 CPU 扫描时间，可在不同地方被多次调用，缺点是对编程

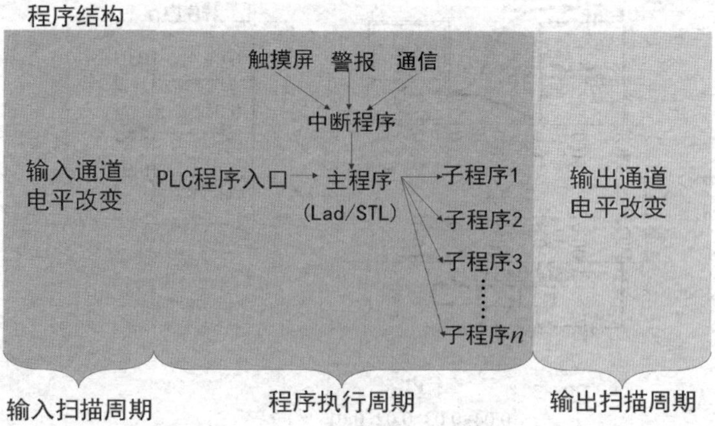


图 7-9 PLC 程序结构图

技巧要求较高。

中断程序:又称中断服务程序。所谓中断,是指 PLC 在正常执行控制程序情况下,当系统出现某些异常或特殊请求时,暂时中断现行控制程序,转而处理突发随机事件,完毕后,又自动回到原来被中断的程序继续执行。

中断程序由 PLC 操作系统在中断事件发生时调用,主要是用于对系统、PLC、用户程序等的保护。

用户在编程过程中,也可就可能发生的故障事件及其紧急处理措施,作为中断程序,根据优先级排序后编入其中。否则,系统将按默认值执行。

## 7.4 PLC(CPM1A)指令系统

CPM1A 是欧姆龙公司生产的一种小型整体式 PLC,CPM1A 提供 10 点至 40 点多种 CPU 单元,与扩展 I/O 并用,可满足 10 点到 100 点的输入输出要求,并有 AC 和 DC 两种电源型号可供选择。CPM1A 集成了多种先进功能,包括高速响应功能、高速计数功能、中断功能,并备有 2 个模拟量设定。CPM1A 拥有充足的程序容量,具有 2 048 字的用户程序存储器和 1 024 字的数据存储器。CPM1A 以其紧凑的设计、强大的功能和灵活的配置,在小规模控制系统中获得了广泛的应用。

### 7.4.1 基本指令

(1)线圈与触点指令

CPM1A 对于线圈和触点操作的本指令包括 LD、LD NOT、AND、AND NOT、OR、OR NOT、OUT、OUT NOT 等,负责实现触点功能的加载、基本逻辑运算。各指令定义如表 7-2 所示。

表 7-2　PLC 各指令介绍

| 符号 | 指令 | 含义 |
|---|---|---|
| 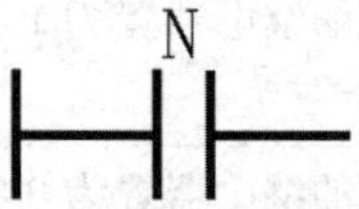 N | LD N | 常开触点与左侧母线相连接的指令 |
|  N | LD NOT N | 常闭触点与左侧母线相连接的指令 |
| 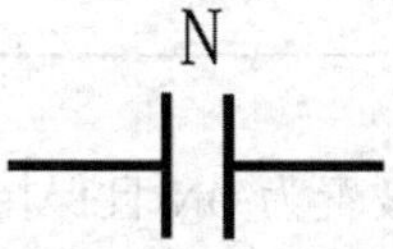 N | AND N | 常开触点与其他程序段相串联的指令 |
|  N | AND NOT N | 常闭触点与其他程序段相串联的指令 |
| 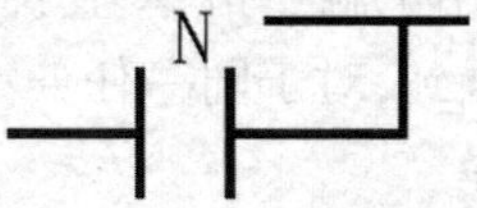 N | OR N | 常开触点与其他程序段相并联的指令 |
|  N | OR NOT N | 常闭触点与其他程序段相并联的指令 |
| 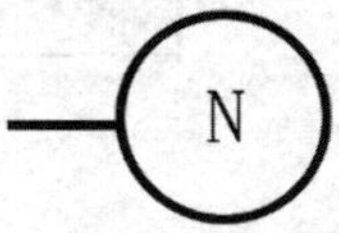 N | OUT N | 把计算结果输出到某个继电器的指令 |
| 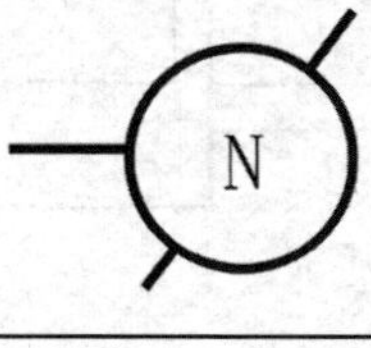 N | OUT NOT N | 把结算结果求反输出到某个继电器中 |

(2)结束指令——END 指令

程序的结尾处一定要安排 END 指令。CPU 扫描到 END 指令时即认为程序到此结束，END 后面的程序一概不执行，并马上返回到程序的起始处再次扫描程序。在调试程序时，可以将 END 指令插在各段程序之后，进行分段调试。

(3)置位和复位指令——SET 和 RESET 指令

SET 和 RESET 指令的执行常使用短信号(脉冲信号)。SET 和 RESET 指令常成对使用，两指令之间可以插入其他指令，如表 7-3 所示。

表 7-3　SET、RESET 与 KEEP 指令

| 符号 | 指令 | 含义 |
|---|---|---|
| SET N | SET N | 当执行条件为 ON 时，将指定的继电器置为 1 状态且保持 |
| RESET N | RESET N | 当执行条件为 ON 时，将指定的继电器置为 0 状态且保持 |
| S、R、KEEP N | KEEP N | 锁存继电器指令。当 S 端输入为 ON 时，继电器 N 被置为 ON 且保持；当 R 端输入为 ON 时，N 被置为 OFF 且保持；当 S、R 同时为 ON 时，N 为 OFF |

(4)保持指令——KEEP 指令

KEEP 为锁存继电器指令。当 S 端输入为 ON 时，继电器 N 被置为 ON 且保持；当 R 端输入为 ON 时，N 被置为 OFF 且保持；当 S、R 同时为 ON 时，N 为 OFF。当使用保持继电器 HR 做输出时，具有掉电保持功能。根据其功能，可粗略地认为 KEEP 指令是 SET 与 RESET 指令的合集。

(5)基本指令梯形图程序

图 7-10 展示了基本指令梯形图与时序图。在图中，分别利用了触点指令、置位复位指令或者锁存继电器指令，实现了类似于电机的长动控制。可以看到，对于同一任务，可以采取不同的实现方式，具体采取的方案根据实际编程情况进行选择。

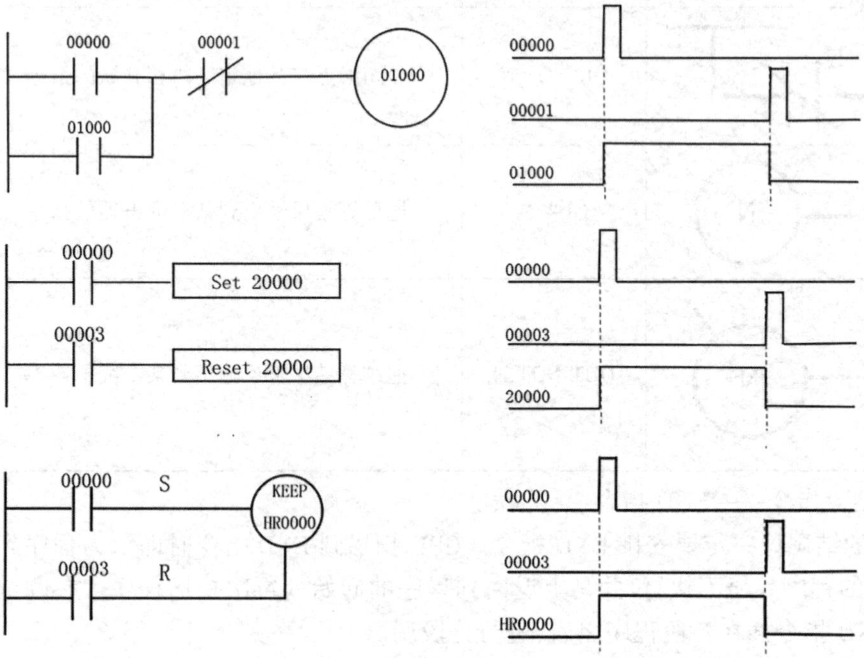


图 7-10　基本指令梯形图与时序图

## 7.4.2　高级指令

高级指令包括上升沿微分和下降沿微分指令、定时器/计数器指令、分支和分支结束指令、跳转和跳转结束指令、数据传送指令以及移位指令等，如表 7-4 所示。

表 7-4　高级指令

| 符号 | 指令 | 含义 |
| --- | --- | --- |
| DIFU N | SET N | 当执行条件由 OFF 变为 ON 时，使指定的继电器接通一个扫描周期 |
| DIFD N | RESET N | 当执行条件由 ON 变为 OFF 时，使指定的继电器按通一个扫描周期 |
| TIM N<br>SV | TIM | 定时器<br>SV：定时设定值（字，BCD 码） |
| CP<br>R<br>CNT N<br>SV | CNT | 计数器<br>CP：脉冲计数端<br>R：复位脉冲端<br>SV：计数设定值（字，BCD 码） |
| MOV(21)<br>S<br>D | MOV | 数据传送指令<br>S：源数据，4 位二进制表示的十六进制<br>D：目标通道，即目标处的连续的内存空间 |
| IN<br>SP<br>R<br>SFT(10)<br>ST<br>E | SFT | 循环左移指令<br>IN：移位补充数据输入端<br>SP：移位脉冲端<br>R：复位脉冲端<br>St：开始通道<br>E：结束通道 |
| JMP N<br>JME N | JMP/JME | 跳转和跳转结束指令。当 JMP N 的执行条件为 OFF 时，跳过 JMP N 和 JME N 之间的程序段，转去执行 JME N 后面的程序。当 JMP N 的执行条件为 ON 时，JMP N 和 JME N 之间的程序段将被执行 |

续表

| 符号 | 指令 | 含义 |
|---|---|---|
| 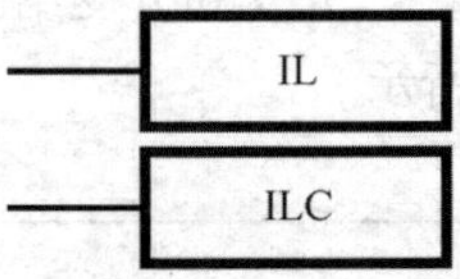 | IL/ILC | 程序分支开始与结束指令。当 IL 的输入条件为 ON 时,IL 和 ILC 之间的程序正常执行;当 IL 的输入条件为 OFF 时,IL 和 ILC 之间的程序不执行 |

(1)上升沿微分和下降沿微分指令(DIFU 和 DIFD 指令)

在 PLC 编程中,上升沿微分和下降沿微分指令用于检测输入信号的瞬时变化,即信号的上升沿(从 0 变为 1)和下降沿(从 1 变为 0)。这些指令在工业自动化控制中非常实用,因为它们可以确保在信号变化的瞬间执行特定的操作,从而提高系统的响应速度和准确性。将 DIFU 和 DIFD 指令的操作位作为某指令的执行条件,使某条指令只在该操作位由 OFF 变 ON,或由 ON 变 OFF 执行一次。

上升沿微分指令的作用为当输入信号从 0 变为 1 时,产生一个扫描周期的脉冲输出。可以用于检测按钮的按下动作,确保只在按钮第一次被按下时执行操作,避免因按钮持续按下而重复执行。输入为要扫描的信号。下降沿微分指令的作用为,当输入信号从 1 变为 0 时,产生一个扫描周期的脉冲输出。可以用于检测按钮的释放动作,确保只在按钮第一次被释放时执行操作。在实际应用中,这些指令可以帮助工程师实现精确的控制逻辑,例如在启动或停止电机时,确保只有在按钮按下或释放的瞬间才执行相应的操作,从而避免误操作或重复操作。

(2)定时器/计数器指令(TIM/CNT 指令)

当定时器的输入为 OFF 时,定时器的输出为 OFF。当定时器的输入变为 ON 时,开始定时,定时时间到,定时器的输出变为 ON。若输入继续为 ON,则定时器的输出保持为 ON,当定时器的输入变为 OFF 时,定时器的输出变为 OFF。定时器和计数器同在一个 TC 区,共同使用编号 000—127,故在同一程序中它们的编号不能重复使用。SV 的取值为 0 000—9 999。定时器没有掉电保持功能,计数器有掉电保持功能。图 7-11 给出了计数器梯形图与时序图的例子。

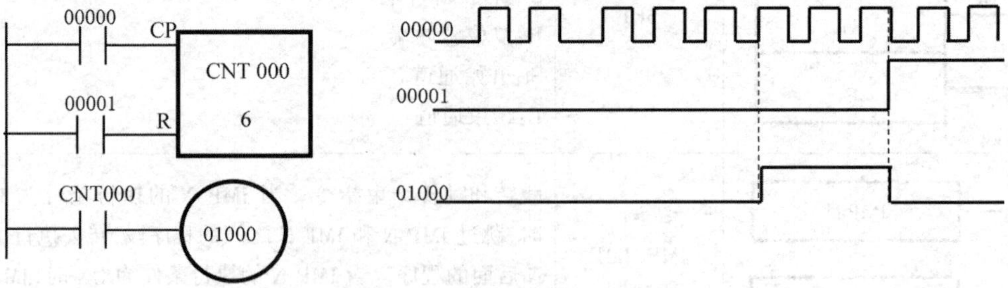


图 7-11　计数器梯形图与时序图

注:BCD 代码——Binary-Coded Decimal 8 1 3 6 5 简称 BCD,称 BCD 码或二-十进制代码,亦称二进码十进数,也称做 8421 码。其是指采用二进制编码方式的十进制数。其中每位十

进制数由四位二进制数表示，例如：7＝0111、5＝0101、9＝1001。那么将十进制数 759 表示为 BCD 码后，则为 759＝011101011001(BCD)。

(3)分支和分支结束指令(IL 和 ILC 指令)

对于程序中需要类似于 C 语言中 IF 函数的情况，可以利用分支和分支结束指令。不论前面的条件是 ON 或 OFF，PLC 都要对 IL-ILC 之间的程序段进行处理，都要占用扫描时间。前面的条件为 OFF，IL-ILC 之间的程序不执行。IL-ILC 之间的所有输出为 OFF、定时器复位，计数器保持以前的状态。

(4)跳转和跳转结束指令(JMP 和 JME 指令)

当 JMP N 的执行条件为 OFF 时，跳过 JMP N 和 JME N 之间的程序段，转去执行 JME N 后面的程序。当 JMP N 的执行条件为 ON 时，JMP N 和 JME N 之间的程序段将被执行，程序如同没有跳转指令一样执行。当 JMP N 的执行条件为 OFF 时，在 JMP N 和 JME N 之间的程序都不执行，如同所有指令不存在一样，所有输出、定时器和计数器的状态保持不变。发生跳转时，JMP N 和 JME N 之间的程序不执行，不占用扫描时间。在两段具有互补功能的程序切换时，常用到跳转指令。例如在自动/手动切换程序中使用跳转指令。

(5)数据传送指令(MOV 指令)

数据传送指令是常用的初值设定指令。当使能端口为 ON 时，将 S 中的数据传送到 D 通道。被传输的数据用 4 位十六进制表示。如图 7-12 所示，数据传输指令在接收到使能端的高电平信号之后，将源数据转移至目的通道。

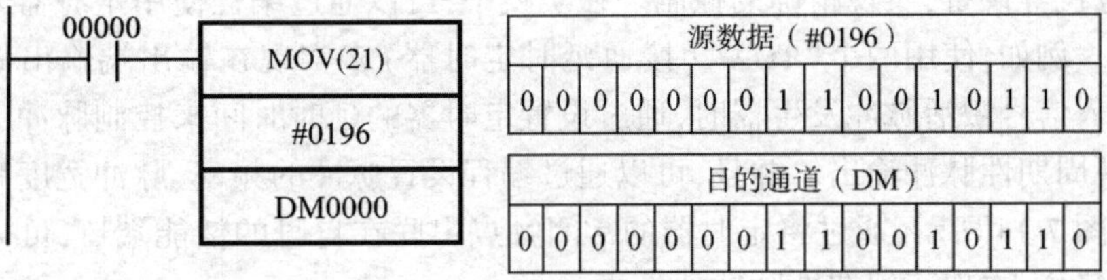


图 7-12　MOV 指令使用介绍

(6)移位指令(SFT 指令)

对于跑马灯或者连续单动作执行的情况，移位指令可以极大简化控制程序设计。对于 SFT 指令而言，当复位端 R 为 OFF 时，在移位脉冲端 SP 由 ON-OFF 的上升沿时，St 到 E 通道中的所有位依次左移一位，E 通道的最高位溢出丢失，St 通道的最低位则移进数据输入端 IN 的数据。当复位端 R 为 ON 时，St 到 E 通道中的所有位均复位为零，且移位指令不执行。循环移位指令的梯形图与时序图实例如图 7-13 所示，其中，假设 00000 为常 OFF，又知 25502 为占空比 1∶1 的 1 秒脉冲地址，25315 地址为 PLC 上电后第一个扫描周期内为 ON，常作为初始化脉冲。

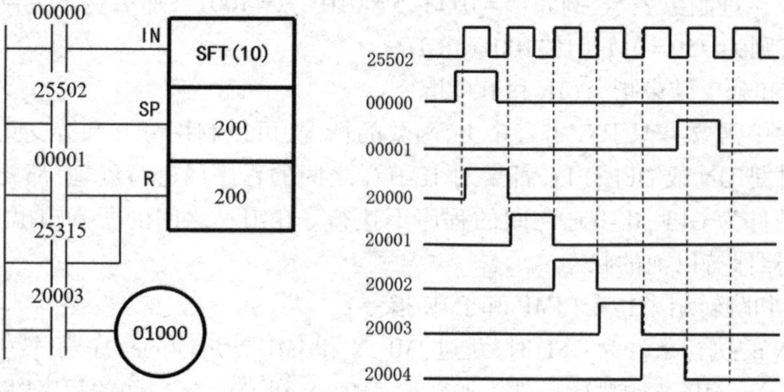


图 7-13 循环移位指令的梯形图与时序图实例

## 7.5 PLC（CPM1A）实用电路

### 7.5.1 PLC 周期性脉冲序列发生器

PLC 周期性脉冲序列发生器是一种在工业自动化中常用的功能，它可以用来控制步进电机、伺服电机等设备，实现精确的控制。在实践中，可以通过编程使用定时器来产生周期性脉冲信号。例如，使用两个“TON”（接通延时定时器）来实现在输出端输出周期性脉冲信号。当输入信号激活脉冲发生器时，通过设置定时器的延时时间来控制脉冲的频率和宽度，从而实现周期性脉冲输出。并且，可以通过编程设置脉冲的频率、脉冲宽度和脉冲方向等参数。如图 7-14 所示，通过将定时器的常闭触点串联在自身的使能端口，可以实现定时到位即切断复位，实现了周期性脉冲的生成。

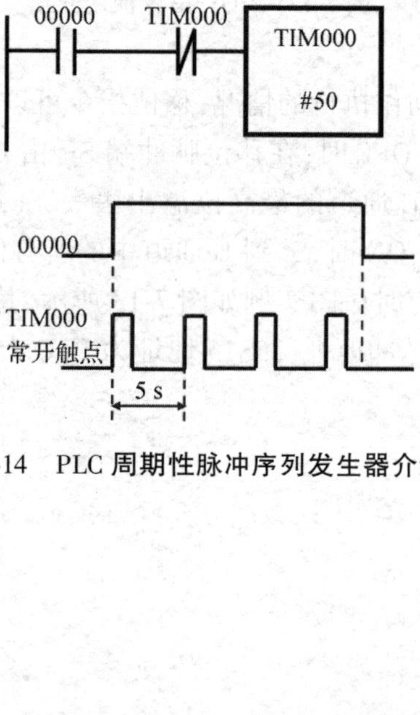


图 7-14 PLC 周期性脉冲序列发生器介绍

### 7.5.2　周期性方波序列发生器

在电气工程和自动化领域,方波信号常用于数字信号传输、脉冲调制、电机控制等领域。例如,在步进电机的控制中,方波信号可以用来驱动电机转动。通过 PLC 编程控制方波信号,可以实现电机的起停和转速调节、电磁阀的开关与比例控制等任务。

例如,可以使用两个“TON”(接通延时定时器)来实现在输出端输出周期性方波信号。这种方法可以通过设置定时器的延时时间来控制方波的频率和宽度,从而实现周期性方波输出,如图 7-15 所示。

使用输入信号激活脉冲发生器 00000。初始标志位设置为“False”,启动接通延迟定时器 TIM000。当接通延时时间到达时,触发输出信号。使用标志位的“True”信号触发另一个接通延时定时器 TIM001。当第二个接通延时时间到达时,标志位被置位,输出信号被中断,同时复位标志位,重新开始整个过程。

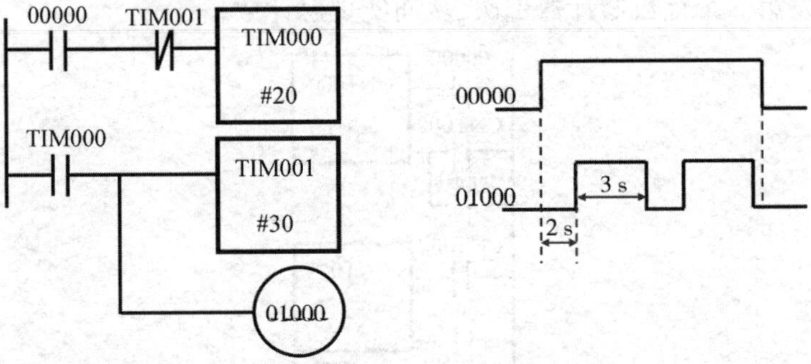


图 7-15　周期性方波序列发生器介绍

### 7.5.3　定时/计数范围的扩展

在 PLC 编程中,定时器和计数器是实现时间控制和事件计数的基础功能。然而,它们都有预设的范围限制。例如,某些 PLC 的定时器可能只能设置到几千毫秒,计数器可能只能计数到几万次。当需要更长的时间控制或更高的计数需求时,可以通过扩展定时器和计数器来实现。

定时器扩展通常涉及多个定时器的串联使用。例如,如果一个 PLC 的定时器最大只能设置到 50 s,而你需要一个 100 s 的延时,可以通过两个定时器串联来实现。第一个定时器设置为 50 s,当它完成时,触发第二个定时器也开始计时 50 s。这样,两个定时器的组合就实现了 100 s 的延时。计数器扩展可以通过多个计数器的级联来实现。例如,如果一个 PLC 的计数器最大只能计数到 32 767,而你需要计数到更大的数值,可以通过两个计数器级联来实现。一个计数器作为低位计数器,当它计数到一定值时,触发高位计数器计数一次。这样,两个计数器的组合就可以实现更大的计数范围。

如图 7-16 所示,通过将一个定时器的输出连接到另一个定时器的输入,可以实现更长的延时控制。例如,如果需要 SV1+SV2 秒的延时,可以设置两个定时器,分别定时 SV1, SV2 秒,第一个定时器完成后触发第二个定时器。

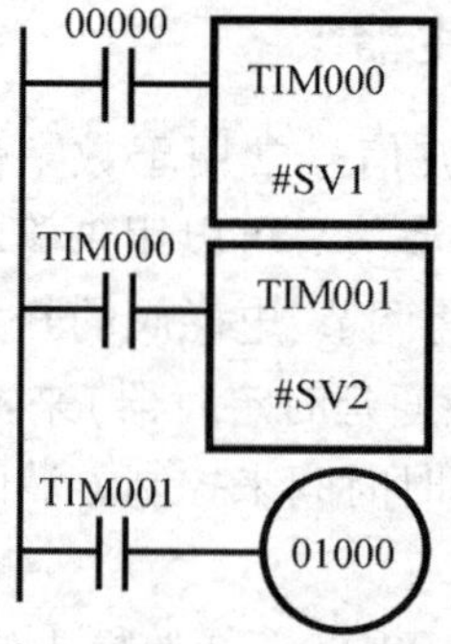


图 7-16　定时范围的扩展

如图 7-17 所示,通过将一个计数器的输出连接到另一个计数器的输入,可以实现更高的计数范围。例如,如果需要计数到 SV1×SV2 次,可以设置两个计数器,第一个计数器每计数 SV1 次触发第二个计数器计数 1 次,从而实现总计数。

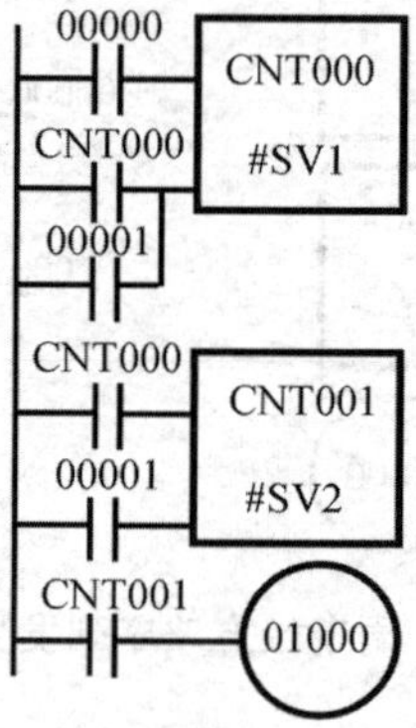


图 7-17　计数范围的扩展

## 7.6　S7-200 PLC 指令系统

西门子 S7-200 PLC 是西门子公司生产的一款小型可编程逻辑控制器(PLC),它以其极高的可靠性、丰富的指令集、易于掌握和操作、丰富的内置集成功能、实时特性、强劲的通信能力和丰富的扩展模块等特点,在工业控制领域中得到了广泛的应用。S7-200 PLC 适用于各种工业控制场景,包括生产线自动化、机械设备控制、楼宇自动化等。它可以处理从简单的继电器替换到复杂的自动化任务。

### 7.6.1　S7-200 PLC 基本指令介绍

西门子 S7-200 PLC 支持多种编程语言,主要包括梯形图(Ladder Diagram),这是最常用的 PLC 编程语言之一,使用图形符号表示逻辑和控制功能,并通过将这些符号连接在一起来创建控制程序。梯形图易于理解和编写,适用于简单的控制任务;指令列表

(Instruction List)是一种基于文本的编程语言,通过使用指令和操作数来编写控制程序。指令列表提供了更直观和灵活的编程方式,适用于复杂的控制逻辑;功能块图(Function Block Diagram)是一种图形化的编程语言,通过使用函数块和连接线来描述控制逻辑。功能块图可以将复杂的控制逻辑分解为多个函数块,提供了更高的模块化和可重用性;语句列表(Statement List)是一种类似于汇编语言的编程语言,使用特定的指令和寄存器来编写控制程序。语句列表适用于需要直接访问硬件和进行低级控制的应用场景。除了以上 4 种主要的编程语言外,西门子 S7-200 PLC 还支持其他辅助编程语言,如顺序功能图(Sequential Function Chart)和结构化文本(Structured Text)。接下来,以指令列表为切入点,介绍 S7 的指令系统。

### 7.6.2　基本逻辑指令

S7-200 系列的基本逻辑指令与 FX 系列和 CPM1A 系列基本逻辑指令大体相似,编程和梯形图表达方式也类似。

(1)LD/LDN 指令

LD(Load)和 LDN(Load Not)是两种基本的输入/输出指令,如图 7-18 所示。LD(Load)指令是动合触点指令,用于与起始母线连接的常开触点。在梯形图中,LD 指令表示一个常开触点,当其输入为 ON(逻辑 1)时,电流可以流向右侧,从而激活后续的逻辑行或电路块。LD 指令通常用于表示传感器或其他输入设备的开启状态。LDN(Load Not)指令是动断触点指令,用于与起始母线连接的常闭触点。在梯形图中,LDN 指令表示一个常闭触点,只有当其输入为 OFF(逻辑 0)时,电流才能流向右侧,激活后续的逻辑行或电路块。LDN 指令通常用于表示传感器或其他输入设备的关闭状态。LD 和 LDN 指令的操作数可以是输入、输出、中间存储器、特殊存储器、定时器、计数器、数据块与局部数据等。这些指令是构建 PLC 程序逻辑的基础,通过它们的组合使用,可以实现复杂的控制逻辑和自动化任务。

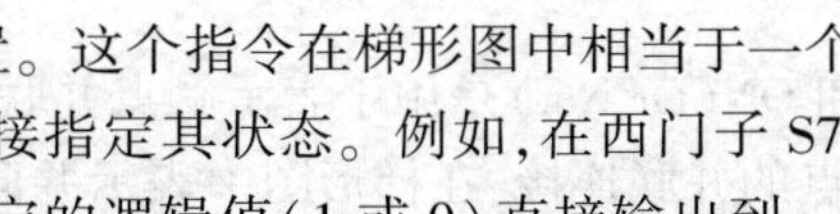


图 7-18　LD/LDN 指令

(2)“=”指令

在 PLC 编程中,“=”指令通常用于输出操作,它的作用是将一个常量值或变量值直接赋给一个输出或存储器位置。这个指令在梯形图中相当于一个线圈,但它不是由触点的状态来控制,而是由程序员直接指定其状态。例如,在西门子 S7-200 PLC 中,“=”指令可以用于直接输出,即将一个固定的逻辑值(1 或 0)直接输出到一个指定的输出点。例如, = Q0.0 会将逻辑 1 输出到 Q0.0。在实际应用中,“=” 指令可以用于实现各种控制逻辑,如直接控制电机的启动和停止、设置中间存储器的值或者在程序的不同部分之间传递数据,如图 7-19 所示。

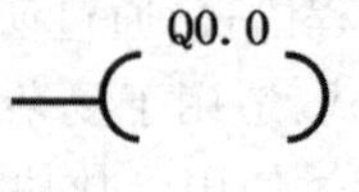


图 7-19 “=”指令

例：

如图 7-20 所示，输入端“I0.0”地址所存储数据决定了输出端“Q0.0”地址所存储数据状态。相当于继电接触控制中的“点动”。输入端“I0.4”地址所存储数据的“逆”决定了输出端“Q0.5”地址所存储数据状态。根据此图，可以翻译为指令列表为：

LD I0.0 =Q0.0 LDN I0.4=Q0.5

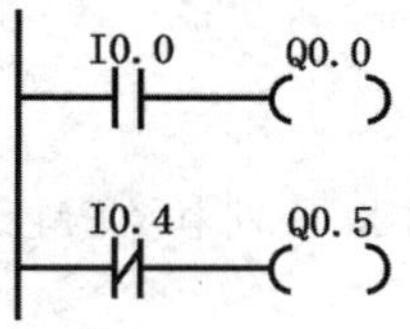


图 7-20 简单程序图

(3)A/AN 指令

在 PLC 编程中，A(And)和 AN(And Not)是两种基本的触点串联指令，它们用于构建逻辑控制语句，如图 7-21 所示。A 指令代表与操作，在梯形图中用于表示单个常开触点的串联连接。只有当 A 指令对应的条件为真(即输入为 1)时，电流才能通过该触点流向下一个逻辑元素。A 指令可以连续使用，用于创建多个串联的常开触点。在编程时，如果按照正确的次序(即输入:“左重右轻、上重下轻”;输出:上轻下重)，可以反复使用=指令。A 指令的操作数可以是 I、Q、M、SM、T、C、V、S 等。AN 指令代表与非操作，在梯形图中用于表示单个常闭触点的串联连接。只有当 AN 指令对应的条件为假(即输入为 0)时，电流才能通过该触点流向下一个逻辑元素。AN 指令也可以连续使用，用于创建多个串联的常闭触点。与 A 指令类似，AN 指令在编程时也需要遵循一定的次序规则，以确保逻辑的正确性。AN 指令的操作数同样可以是 I、Q、M、SM、T、C、V、S 等。这两种指令在梯形图中的合理应用，可以帮助 PLC 程序员构建复杂的控制逻辑，实现精确的自动化控制。

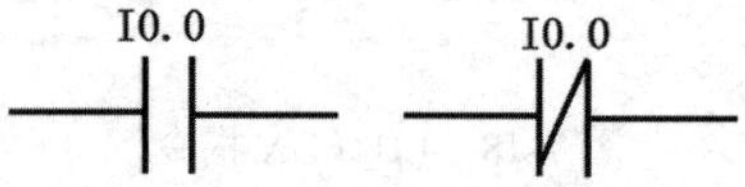


图 7-21 LAD 图形符号

(4)O/ON 指令

在 PLC 编程中，O(Or)和 ON(Or Not)是用于表示触点并联的指令，它们执行逻辑或运算。O 指令用于单个常开触点的并联连接，在梯形图中表示并联的一个常开触点。当任何一个并联的常开触点被激活(逻辑 1)时，整个并联电路就会被激活。O 指令可以连续使用，用于创建多个并联的常开触点。在使用时，O 指令紧接在 LD/LDN 指令之后，对其前面的 LD/LDN 指令所规定的触点进行并联。如果要并联连接两个以上的触点串联回路，需要采用 OLD 指令。O 指令的操作数可以是 I、Q、M、SM、V、S 等，如图 7-22 所示。

图 7-22　LAD 图形符号

ON 指令用于单个常闭触点的并联连接,在梯形图中表示并联的一个常闭触点。当任何一个并联的常闭触点被激活(逻辑 0)时,整个并联电路就会被激活。ON 指令也可以连续使用,用于创建多个并联的常闭触点。与 O 指令类似,ON 指令的使用次数仅受编程软件的限制,在一个网络块中最多可以并联 31 个触点。ON 指令可进行多重并联,以实现复杂的逻辑控制。ON 指令的操作数可以是 I、Q、M、SM、V、S 等。这两种指令在梯形图中的使用,可以有效地实现多个输入条件的并联逻辑控制,从而简化程序结构,提高编程效率。在实际应用中,O 和 ON 指令常用于控制逻辑的设计,例如,可以用于多个传感器信号的并联处理,以实现对某个动作的控制。

**例:**

程序阅读:根据 PLC 的基本概念分析图 7-23 中所示的梯形图程序的基本功能。

①"能流只能从左向右流动,层次的改变只能是先上后下":当"能流"经流 I0.0 使得该存储器变化一次时,若 I0.7 无变化,则输出端 Q0.0 就输出一位。

②由于 Q0.0 线圈在第一逻辑行,而该线圈的 Q0.0 接点在第二逻辑行,根据"前面的运算结果可以被后面的逻辑直接引用"的概念,Q0.0 线圈的输出使得 Q0.0 接点闭合,并造成 Q0.0 输出保持。

3I0.7 变化一次,Q0.0 线圈无输出,其常开接点断开。

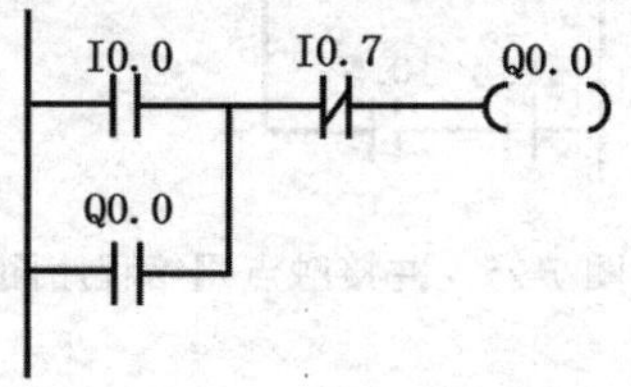


图 7-23　梯形图程序的基本功能

(5)ALD/OLD 指令

在 PLC 编程中,ALD(And Load)和 OLD(Or Load)是用于组织程序结构的指令,它们分别实现多个指令块的"与"运算和"或"运算。ALD 指令用于实现多个指令块的串联连接,即"与"运算。它将两个或多个并联电路块串联起来,只有当所有并联电路块都满足条件时,整个串联电路才被激活。ALD 指令块以 LD 或 LDN 指令开始,完成一个并联电路块后,使用 ALD 指令将其与前面的电路串联。ALD 指令无操作数,主要用于程序结构组织。在梯形图中没有该指令,只需按要求连接触点即可。但在指令表中,ALD 指令十分重要,可以组织复杂的程序结构。

OLD 指令用于实现多个指令块的并联连接,即"或"运算。它将两个或多个串联电路块并联起来,只要有一个串联电路块满足条件,整个并联电路就被激活。OLD 指令用于串联电路块的并联连接。在块电路开始时要使用 LD 或 LDN 指令,每完成一次块电路的并联时要写上 OLD 指令。OLD 指令无操作数,从第二条支路开始,在每一支路后面加 OLD 指令,且对并联支路的个数没有限制。

这两种指令在梯形图和指令表程序中的应用如图 7-24、图 7-25 所示。它们允许程序员创建复杂的逻辑控制结构,例如,可以在网络块 1 中为一个“块与”运算,将两个“或块”串联,执行与运算;在网络块 2 中为一个“块或”运算,将两个“与块”并联,执行或运算。通过这种方式,ALD 和 OLD 指令可以帮助 PLC 程序员有效地组织和简化程序逻辑。

例一:根据 PLC 的基本概念分析,如图 7-24 所示为串接触点网络程序图。试了解串接触点网络与 STL 的转换关系。

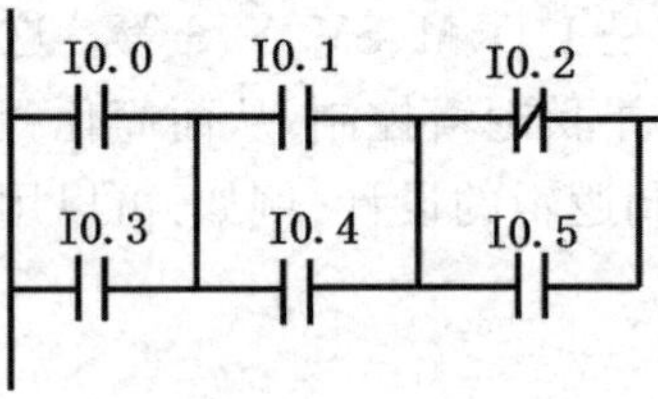


图 7-24 串接触点网络程序图

例二:根据 PLC 的基本概念分析,如图 7-25 所示为并接触点网络程序图。试了解并接触点网络与 STL 的转换关系。

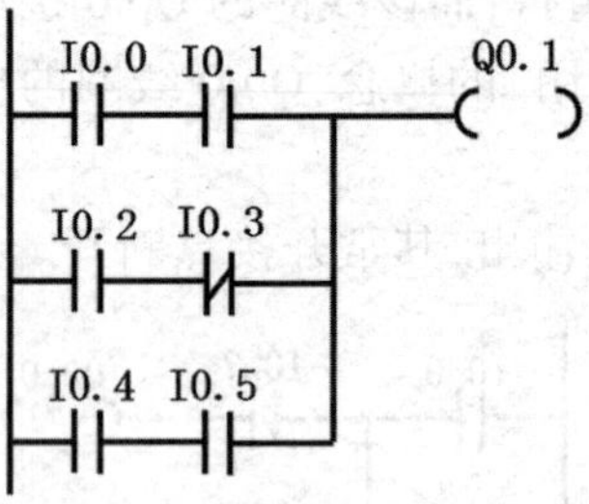


图 7-25 并接触点网络程序图

(6)END/MEND 指令

END/MEND 是两种结束指令,用于控制程序的执行流程。当使能输入有效时,条件结束指令 END 会终止用户程序的执行,并返回主程序的第一条指令重新执行,这是循环扫描工作方式的一部分。END 指令不能直接连接到左侧母线,它需要一个使能输入条件。END 指令只能在主程序中使用,不能在子程序和中断服务程序中使用,如图 7-26 所示。

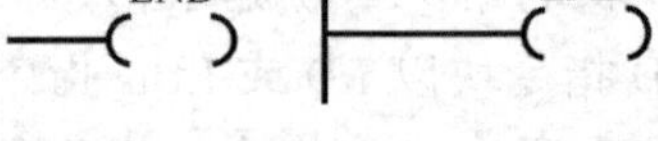


图 7-26 END 指令的 LAD 图形符号

无条件结束指令 MEND 在执行时,无论是否有使能输入,都会立即终止用户程序的执行,并返回主程序的第一条指令重新执行。MEND 指令直接连接到左侧母线,表示无条件结束,调试程序时,可在程序的适当位置插入该指令可以实现程序的分段调试。在 STEP7-Micro/Win 编程软件中,用户通常不需要手动输入 MEND 指令,因为软件会自动在主程序的结尾生成一个 MEND 指令。

这两种指令在梯形图中以线圈形式编程,且不含操作数。它们主要用于控制程序的结束,是程序控制指令中的重要部分,可以使程序结构更加灵活和层次分明。在编程时,应注意 END 和 MEND 指令的正确使用,以确保程序按预期执行。

(7)NOT/NOP 指令

在 PLC 编程中,NOT 和 NOP 是两种不同的指令,它们各自有不同的功能和应用场景,如图 7-27 所示。

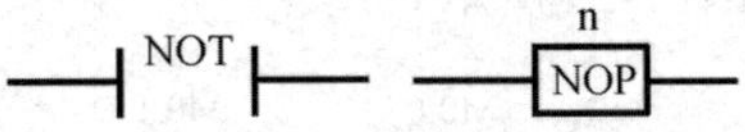


图 7-27　NOT 指令的 LAD 图形符号

NOT 指令是一种逻辑指令,用于执行逻辑非操作。它对输入信号进行取反操作,实现控制逻辑的反转。如果输入信号为 1(真),NOT 指令将其转换为 0(假);如果输入信号为 0(假),NOT 指令将其转换为 1(真)。NOT 指令在 PLC 控制系统中有广泛的应用,包括信号反转、逻辑控制和状态监测。例如,可以通过 NOT 指令实现对输入信号的反转,将输入信号的值从高变为低,或从低变为高。在使用 NOT 指令时,需要注意输入信号必须是逻辑变量,即只能取两个值(高或低)。同时,输出信号与输入信号的类型相同,取值与输入信号相反。由于 PLC 的扫描周期,NOT 指令的输出信号可能存在一定的延迟,需要根据实际应用场景进行合理的处理

NOP(No Operation)指令是一种空操作指令,它在程序执行过程中不做任何实际操作,只会占据一个指令周期的时间。应用场景:NOP 指令通常用于占位或延时操作。它可以作为占位符,在编写程序时,如果某个地方需要有一条指令但具体操作还没有确定,可以先使用 NOP 指令进行占位,以便后续再来填写具体的操作内容。此外,NOP 指令也可以用于调试和测试 PLC 程序,通过在关键位置插入 NOP 指令,可以让程序暂停执行,以便检查变量的值、I/O 状态等。由于 NOP 指令在程序执行过程中不做任何实际操作,只会浪费一个指令周期的时间,因此在实际应用中应该尽量避免过多地使用 NOP 指令,以免影响程序的执行效率。

例:

程序阅读,根据 PLC 的基本概念分析,如图 7-28 所示梯形图。

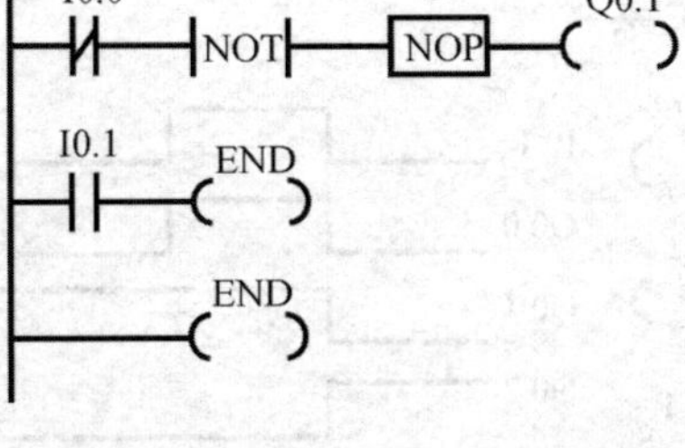


图 7-28　NOT 与 NOP 程序图

①当“能流”经流 I0.4 时,由于 NOT 的存在,进行求反操作;“能流”由显形变为隐形;

②条件满足 I 0.4 断开(1→0)时,经 NOP 得到正跳变(0→1);

③但 NOP 指令的存在,使得 Q 0.5 在达到 5 个扫描周期之前,无输出,自第 6 个扫描周期开始,Q 0.5 也得到一个正跳变(0→1)。

④注意不同条件下的 END 指令运用。

(8)S/R 指令

在 PLC 编程中,S 和 R 指令是非常重要的,它们分别代表 Set(设置)和 Reset(清除)操作,用于控制标志位的状态,如图 7-29 所示。

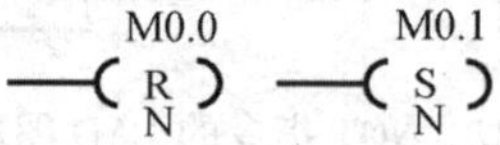


图 7-29　LAD 图形符号

S 指令用于将指定的标志位设置为 1(真)。标志位可以是一个单独的位,也可以是一个字(Word)或双字(Double Word)中的一组位。S 指令常用于控制输出设备的开关状态、实现条件的触发等。例如,可以用来设置一个标志位,表示某个设备已经启动或某个条件已经满足。

R 指令用于将指定的标志位清除为 0(假)。与 S 指令类似,它也可以操作单独的位或多个位。R 指令常用于重置设备状态、取消条件触发等。例如,可以用来清除一个标志位,表示某个设备已经停止或某个条件不再满足。

这两种指令在 PLC 程序中的使用非常方便,只需要在指令中指定要设置或清除的标志位即可。例如:

SET M0.0 //设置 M0.0 这个标志位为 1。

RESET M0.1 //清除 M0.1 这个标志位为 0。

在实际应用中,S 和 R 指令的使用可以非常灵活,如在门控系统中,可以通过设置和清除标志位来控制闸机的运行。当门关闭时,可以设置门状态标志位为 0,同时清除限制闸机的标志位;当门打开时,可以设置门状态标志位为 1,同时设置限制闸机的标志位。使用 S 和 R 指令时,需要注意程序的可读性、效率和优化等因素,并结合实际需要进行设计和调试。同时,要确保在适当的时机使用这些指令,以保证程序的正确性和控制逻辑的有效性。

例一:程序阅读,根据 PLC 的基本概念分析,如图 7-30 所示为置位复位指令程序图 1。试了解置位复位指令的时序关系。

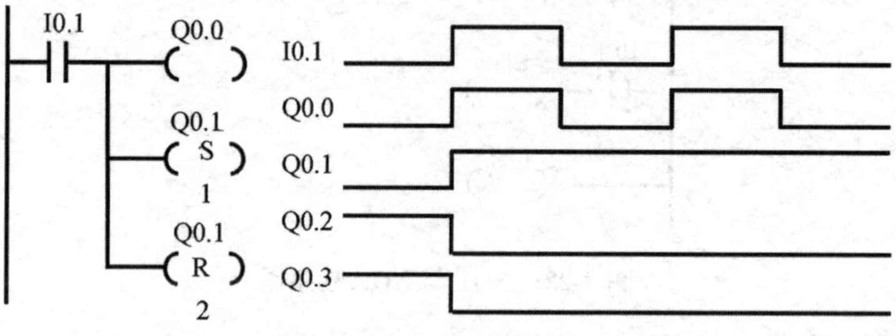


图 7-30　置位复位指令程序图 1

例二:程序阅读,根据 PLC 的基本概念分析,如图 7-31 所示为置位复位指令程序图 2。试了解置位复位指令的时序关系。

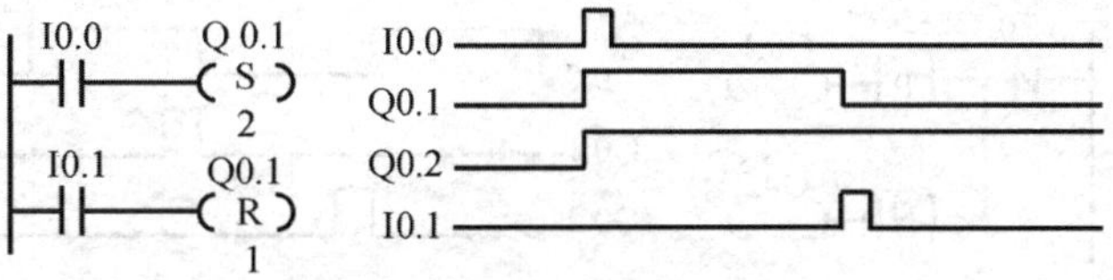


图 7-31　置位复位指令程序图 2

(9)EU/ED 指令

在 PLC 编程中,EU(Edge UP)和 ED(Edge Down)是两种边沿检测指令,用于捕捉输入信号的上升沿和下降沿变化。EU 指令是上升沿检测指令,它在检测到输入信号从 OFF 状态变为 ON 状态(即上升沿)时,产生一个宽度为一个扫描周期的脉冲。这个脉冲可以用来触发后续的逻辑操作,例如启动一个定时器或置位一个标志位。EU 指令常用于需要在信号状态变化时立即响应的场合,如按钮按下的瞬间启动某个设备,或者在传感器信号变为有效时触发一个操作,如图 7-32 所示。

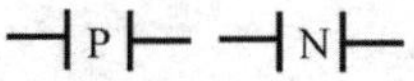


图 7-32　LAD 图形符号 2

ED 指令是下降沿检测指令,它在检测到输入信号从 ON 状态变为 OFF 状态(即下降沿)时,产生一个宽度为一个扫描周期的脉冲。这个脉冲同样可以用于触发后续的逻辑操作,例如停止一个设备或复位一个标志位。ED 指令常用于需要在信号状态变化时立即响应的场合,如按钮释放的瞬间停止某个设备,或者在传感器信号变为无效时触发一个操作。

这两种指令在梯形图编程中以特殊的符号表示,通常没有操作数,它们的使用可以帮助 PLC 程序更精确地控制事件的时机。例如,EU 和 ED 指令可以用于复位、启动及关断条件的判定,以及配合其他功能指令完成一些逻辑控制任务。在实际应用中,它们可以捕捉到非常短暂的信号变化,从而实现精确的控制逻辑。

适用的存储器有:I,Q,M,SM,T,C,V,S,L;对于开机置 1 的条件,EU 指令不会立即执行,但置 0 后再置 1 时,EU 就立即执行;对 ED 而言,无论是否开机置 1,只要置 0,就立即执行,且以"位"存取。

例一:程序阅读,根据 PLC 的基本概念分析,如图 7-33 所示为复合指令程序图 1。试了解复合指令程序图的时序关系。

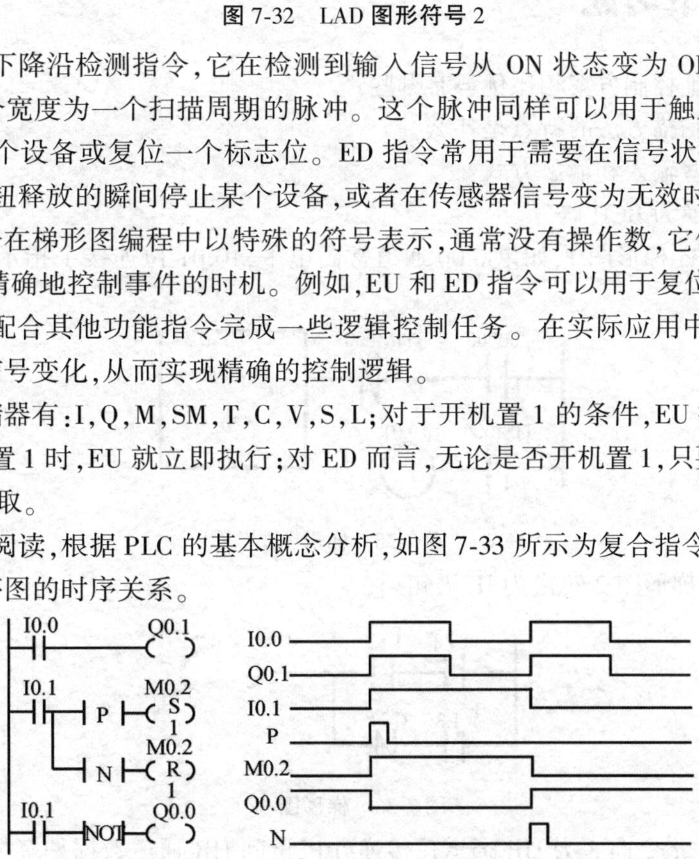


图 7-33　复合指令程序图 1

例二:程序阅读,根据 PLC 的基本概念分析,如图 7-34 所示为复合指令程序图 2。试了解复合指令程序图的时序关系。

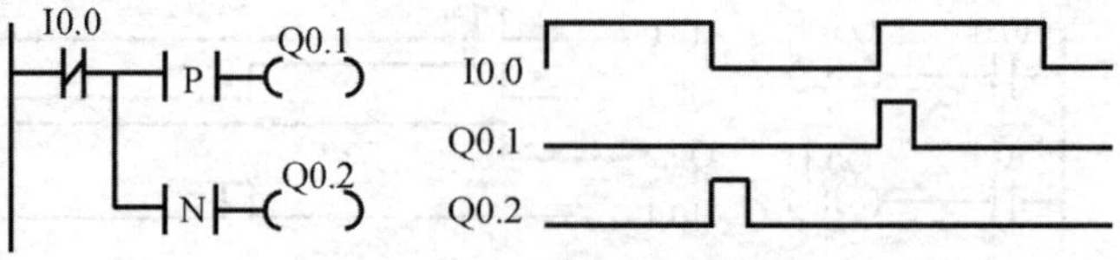


图 7-34　复合指令程序图 2

## 7.7　本章小结

本章以 CPM1A 与 S7-200 为基础,介绍了 PLC 的组成、LAD 以及 STL 编程语言常用控制指令的基本格式和应用方法;介绍了 PLC 的基本控制指令,包括位操作、置/复位、边沿触发、定时、计数、比较等指令。上述内容是梯形图基本指令的基础,也是顺序控制的基础手段。

## 7.8　章节习题

1.PLC 和其他控制方案相比优势有哪些?

2.PLC 巡回扫描方法的特点是什么?

3.PLC 有哪些输入和输出方式?

4.将 456 转换为 BCD 码。

5.对于图 7-35 梯形图 1,如果 0.00 通道常高电平,10.01 位连接了指示灯,那么会观察到什么现象?

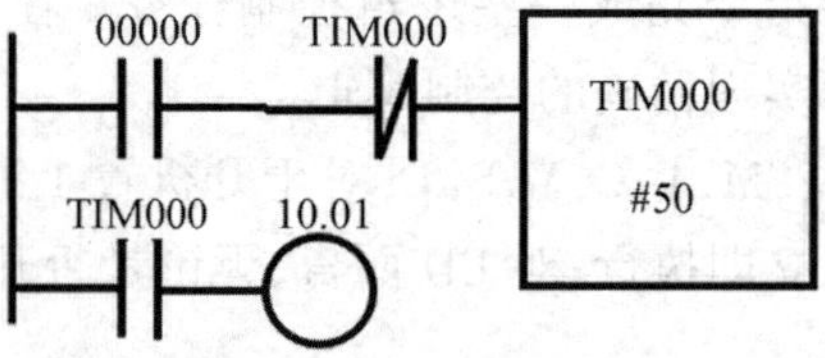


图 7-35　梯形图 1

6.将图 7-36 梯形图 2 转换为 IL 语句。

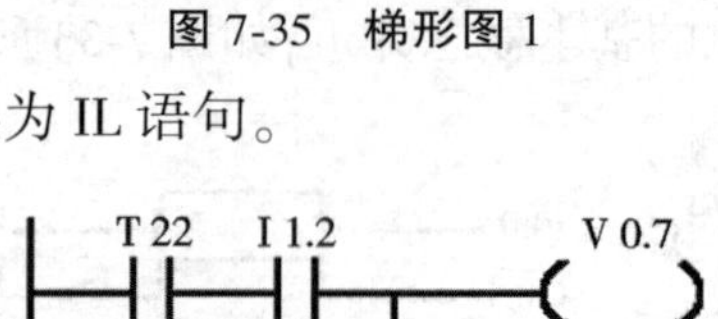


图 7-36　梯形图 2

7.使用 MOV 指令向 8 为 HR 通道位传递#BF,试问 HR 通道数据是多少?

# 第8章

# 顺序控制程序设计方法

## 8.1 顺序控制程序设计概述

顺序控制程序设计是自动化控制系统中的一种程序设计方法,它按照预定的顺序执行一系列操作,以完成特定的控制任务。这种程序设计广泛应用于工业自动化、机器人控制、流程控制等领域。顺序控制程序设计需要考虑安全性,确保程序设计符合安全标准,防止意外发生;保证可靠性,令程序能够稳定运行,即使在恶劣的工业环境中也能保持性能;此外,设计时应考虑未来可能的扩展,便于添加新的功能或设备。并且,提供直观的用户界面,方便操作人员监控和控制过程。顺序控制程序设计是一个涉及多个步骤和多个方面的复杂过程,需要综合考虑技术、经济和操作因素,以实现高效、可靠的自动化控制。

顺序控制系统的硬件实现方式各异,但无论选定的控制器硬件如何(PLC、单片机还是其他上位机系统),控制程序的设计一般遵循如下流程:

(1)确定控制任务和要求

在控制设计开始之前,首先需要分析任务,明确需要控制的设备和过程,以及它们之间的逻辑关系;并且明确性能要求,确定系统的响应时间、精度、稳定性等性能指标。

(2)设计控制流程图

在本阶段,需要使用流程图工具绘制控制流程,明确各个操作步骤和它们之间的顺序关系,绘制流程图并确定逻辑关系:包括并行、选择(分支)、同步等逻辑结构。

(3)选择控制硬件和软件

硬件选择:根据控制任务选择合适的 PLC(可编程逻辑控制器)、PC-based 控制器、嵌入式系统等。软件选择:选择适合的编程环境和软件,如梯形图、功能块图、结构化文本等。

(4)编写顺序控制程序

编程语言:根据控制逻辑和硬件平台选择合适的编程语言,如梯形图、功能块图、结构化文本等。编程规则:遵循编程规范,确保程序的可读性和可维护性。

(5)测试和调试

单元测试:对程序的各个模块进行单独测试,确保它们按预期工作。

集成测试:将各个模块集成在一起,测试整个系统的运行情况。

现场调试:在实际控制环境中进行调试,优化程序性能。

(6)优化和维护

根据测试结果对程序进行优化,提高系统的响应速度和稳定性。定期更新程序,修复发现的问题,适应新的需求。

(7)归档和培训

为程序编写详细的文档,包括设计说明、操作手册和维护指南。对操作人员进行培训,确保他们能够正确使用和维护系统。

### 8.1.1 经验设计法

在典型电路的基础上,根据对控制系统的要求,不断地修改和完善梯形图。设计所用的时间、设计的质量与设计者的经验有很大的关系,它可以用于较简单的梯形图的设计。

(1)线性编程

线性编程不带分支,由单人编写,所有指令在一个程序文件中,按照工艺流程的先后,依序编程。

(2)转移编程

转移编程又称翻译法编程。用 PLC 等控制器中的软元件,代替原继电器接触器控制线路图中的元器件,然后,应用编程语言,直接翻译成控制程序。此法主要用于对旧设备、旧控制系统的技术改造。

(3)结构编程

结构编程根据控制的复杂程度,将控制过程分解为若干个简单的控制模块,诸如公共模块、子模块 1、子模块 2……,再根据模块编写一个个相应程序,也可以按过程要求将类似或相关功能分类,以通用解决方案为主,采用主程序调用的方式完成控制任务。

用经验设计法设计时,没有一套同定的方法和步骤可以遵循,具有很大的试探性和随意性,对于不同的控制系统,没有一种通用的容易掌握的设计方法。梯形图往往很难阅读,系统的维修和改进困难。

### 8.1.2 解析设计法

利用组合逻辑或时序逻辑理论,把触点的“通”“断”状态用逻辑变量“0”或“1”来表示。应用如真值表、卡诺图、布尔代数等方法,进行逻辑关系求解;之后,将解列成“或与表达式”;并依据该结果,编写程序。其优点是逻辑严密,可运用一定的标准使程序优化,避免盲目性。此法适于熟悉数字电路者。

### 8.1.3 图解设计法

所谓图解设计法,是指用图形语言,进行 PLC 的程序设计。常用的方法有 LAD 法、框图(逻辑框图、功能框图)法、时序图法、流程图法等。

(1)LAD 法

LAD 法是 PLC 的第一编程语言,通俗易懂、易于掌握,直观性好,对编程人员的计算机水平无要求,但要求须具有一定的控制技能。

(2)框图法

①逻辑框图法:以数字逻辑电路形式直接编程,优点是极易表现条件与结果之间的逻辑关系。对于既熟悉数字电路,又懂得电气控制的人来说,易于掌握。

②功能框图法:也称状态流程图法、转移状态图法、顺序功能图法等。方法是:将复杂的控制过程分解成若干个工作步骤(工步),每个工步又对应着多个具体的工艺动作,把这些工步依据工艺动作的顺序要求进行排列组合,再在不同的工步内实现各自的具体要求,进而形成一个完整的控制程序。

(3)时序图法

时序图法又称波形法,适于时间控制。方法是:根据控制任务的时效关系,先画出系统时序图;再根据时序关系画出对应的程序框图;最后,应用自己熟悉的编程语言,依程序框图进行编程设计。

(4)流程图法

流程图法采用框图形式表示程序(或工艺)的执行过程和输入输出条件关系,然后用顺序功能图进行编程设计。

除上述编程方法外,还有综合法、计算机编程法等。无论采用何种方法,对于应用程序的设计,关键在于选择一种自己认为最合适的方法进行编程,并在实践过程中,不断提高编程技巧和能力。

## 8.2　顺序功能图法

顺序功能图法(Sequential Function Chart,SFC)是一种用于描述和设计顺序控制逻辑的图形化编程语言。它广泛应用于自动化控制系统中,特别是在工业自动化领域。顺序控制设计法用转换条件控制代表各步的编程元件,让它们的状态按一定的顺序变化,然后用代表各步的编程元件去控制各输出继电器。顺序功能图法通过图形化的方式,清晰地表示出控制逻辑的顺序和条件,使得设计者能够直观地理解和设计复杂的控制流程。顺序功能图法在工业自动化、过程控制、机器人编程等领域有广泛的应用。它可以帮助工程师设计出高效、可靠的控制系统,同时也便于非专业人员理解和维护。

(1)基本思想

其基本思想是将系统的一个工作周期划分为若干个顺序相连的阶段,这些阶段称为步(Step),并且用编程元件(例如辅助继电器)来代表各步。

步是根据输出量的状态变化来划分的,步的这种划分方法使代表各步的编程元件与各输出量的状态之间有着极为简单的"与"逻辑关系。

初始步为与系统的初始状态相对应的步,初始状态一般是系统等待起动命令的相对静止的状态。初始步用双线方框表示，每一个顺序功能图至少应该有一个初始步。

活动步为当系统正处于某一步所在的阶段时,处于活动状态的步。步处于活动状态时，相应的动作被执行;处于不活动状态时,相应的动作被停止执行。

转换条件是使系统由当前步进入下一步的信号,转换条件可能是外部输入信号,如按钮、指令开关、限位开关的接通/断开等,也可能是PLC内部产生的信号,如定时器、计数器常开触点的接通等，转换条件也可能是若干个信号的与、或、非逻辑组合。

顺序控制设计法用转换条件控制代表各步的编程元件,让它们的状态按一定的顺序变化,然后用代表各步的编程元件去控制各输出继电器。

转换用有向连线上与有向连线垂直的短划线来表示,转换将相邻两步分隔开。步的活动状态的进展是由转换的实现来完成的,并与控制过程的发展相对应。

转换条件是与转换相关的逻辑命题,转换条件可以用文字语言、布尔代数表达式或图形符号标注在表示转换的短线的旁边。

(2)规则

①在画顺序功能图时，将代表各步的方框按它们成为活动步的先后次序顺序排列，并用有向连线将它们连接起来。

②随着时间的推移和转换条件的实现，将会发生步的活动状态的进展，这种进展按有向连线规定的路线和方向进行。

③步的活动状态习惯的进展方向是从上到下或从左至右。

(3)序列

选择序列的开始称为分支,转换符号只能标在水平连线之下。

选择序列的结束称为合并。几个选择序列合并到一个公共序列时,用需要重新组合序列的相同数量的转换符号和水平连线来表示,转换符号只允许标在水平连线之上。

## 8.3 转移法设计实例

### 8.3.1 可逆运行电路转移编程

试设计控制程序实现电机正反转控制,如图8-1所示。

(1)需求分析

电机正反转控制即通过控制电路,实现主电路电机绕组的接法切换,实现正反转控制。需要包括正反转与停止按钮,以及相关的安全防护措施。

(2)转移编程步骤

转移编程一般包括如下两步：

找到机电系统控制电路

分析开关、线圈功能

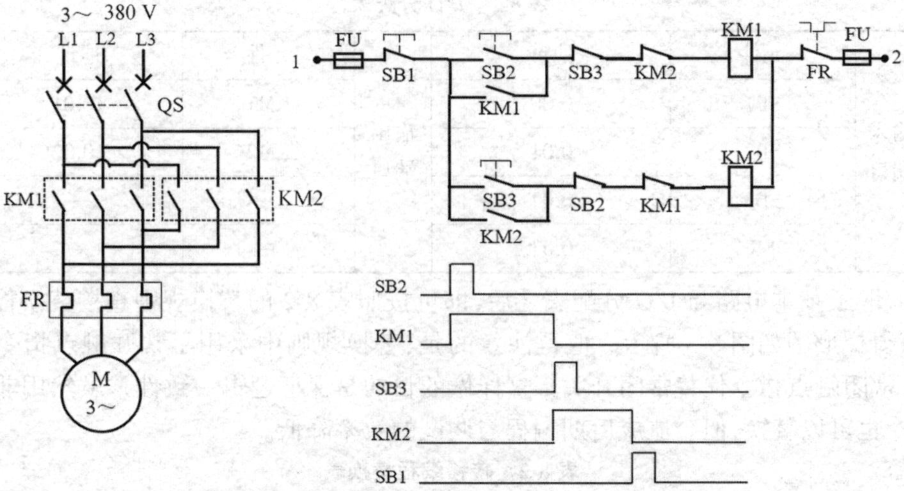


图 8-1　电机的主电路图与程序图

a.将开关、线圈接入 PLC 输入输出；

b.将控制电路使用 LAD 对应指令代替。

依据可逆运行电路可知，系统控制对象是一台三相异步电动机，根据主电路所示，通过控制绕组的主触点 KM1 或者 KM2 交替接通，实现正反转控制。根据控制电路所示，了解到系统需要具备正转启动按钮 SB2，反转启动按钮 SB3，停止按钮 SB1 以及热继电器触点 FR。于是，可以构建 PLC 外围接线图如图 8-2 所示，并形成 I/O 分配表如表 8-1 所示。

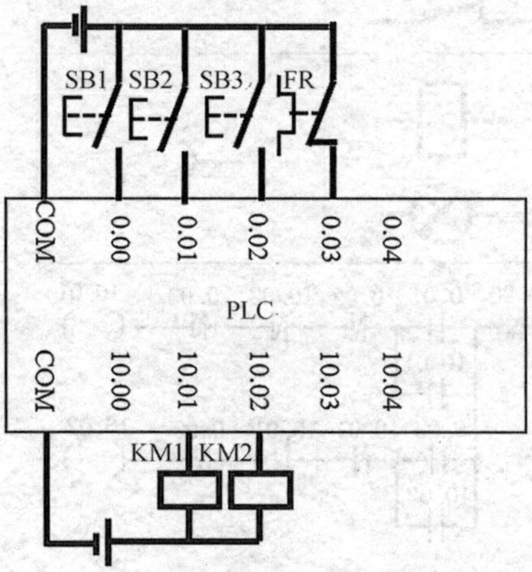


图 8-2　PLC 外围接线图

表 8-1 I/O 分配表

| | 元件 | 地址 | | 元件 | 地址 |
|---|---|---|---|---|---|
| 输入端口 | SB1 | 0.00 | 输出端口 | KM1 | 10.01 |
| | SB2 | 0.01 | | KM2 | 10.02 |
| | SB3 | 0.02 | | — | — |
| | FR | 0.03 | | — | — |

在获取了基本电路与 I/O 分配表之后,即可按照表 8-2 的替换规则直接替换控制电路元件,获得梯形图如图 8-3 所示。值得注意的是,替换规则中采用了常开触点指令代替常开开关,常闭触点指令代替常闭开关。这样做的目的是保证逻辑一致性。虽然用非对应的触点指令也可以替换,但会造成后期编程与调试的效率降低。

表 8-2 转移编程替换表

| 真实元件 | 替换指令 |
|---|---|
| 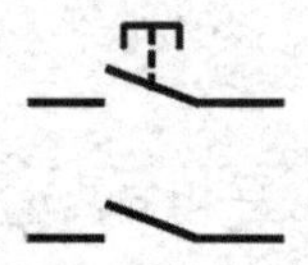 | 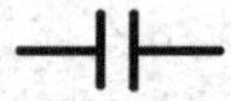 |
| 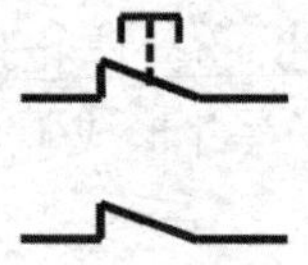 | 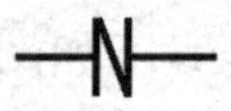 |
| 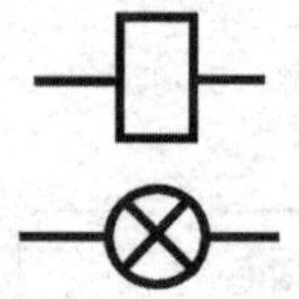 |  |

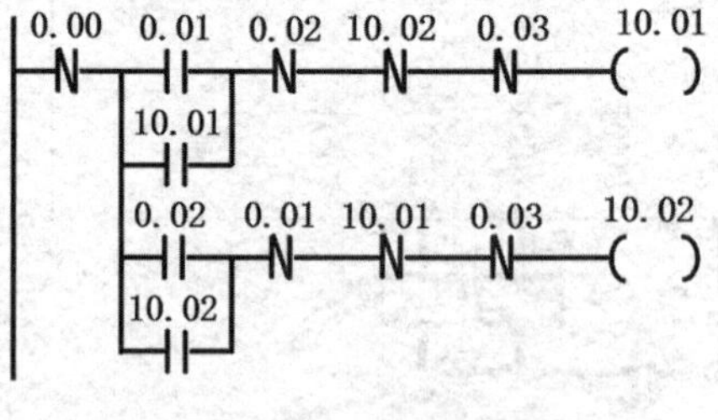


图 8-3 转移编程结果的梯形图

### 8.3.2 自动往复运行电路转移编程

试设计控制程序实现小车自动往复控制,如图 8-4 所示。

小车的自动往复控制本质上仍然是电机的正反转控制,但是触发条件增加了两个极限位置的行程开关,当小车到达极限位置后,通过行程开关触发反向运行。经分析,系统控制对象是一台三相异步电动机,根据主电路所示,通过控制绕组的主触点 KM1 或者 KM2 交

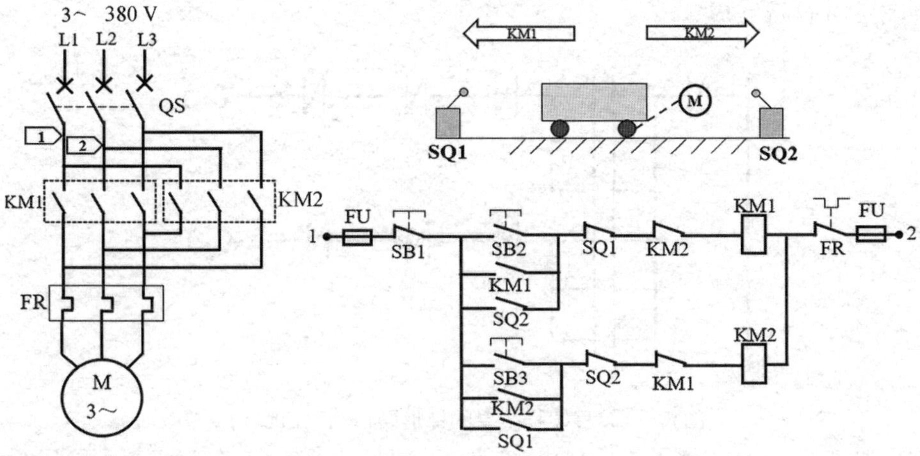


图 8-4　自动循环控制示意图

替接通，实现正反转控制。根据控制电路所示，了解到系统需要具备正转启动按钮 SB2，反转按钮 SB3，停止按钮 SB1，限位开关 SQ1 与 SQ2，以及热继电器触点 FR。于是，可以构建 PLC 外围接线图如图 8-5 所示，并形成 I/O 分配表如表 8-3 所示。

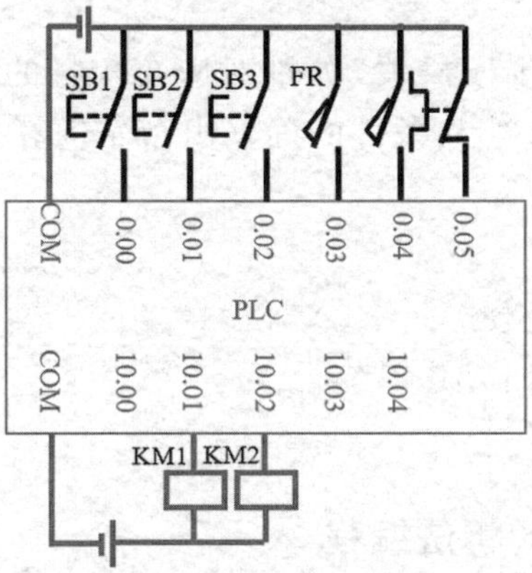


图 8-5　自动循环控制 PLC 外围接线图

表 8-3　I/O 分配表

| | 元件 | 地址 | | 元件 | 地址 |
| --- | --- | --- | --- | --- | --- |
| 输入端口 | SB1 | 0.00 | 输出端口 | KM1 | 10.01 |
| | SB2 | 0.01 | | KM2 | 10.02 |
| | SB3 | 0.02 | | — | — |
| | SQ1 | 0.03 | | — | — |
| | SQ2 | 0.04 | | — | — |
| | FR | 0.05 | | — | — |

在获取了基本电路与 I/O 分配表之后，即可按照表 8.2 的替换规则直接替换控制电路元件，获得小车自动往复控制的梯形图如图 8-6 所示。图中的基本指令并未标注地址，请

读者参照表 8-3 自行完成。

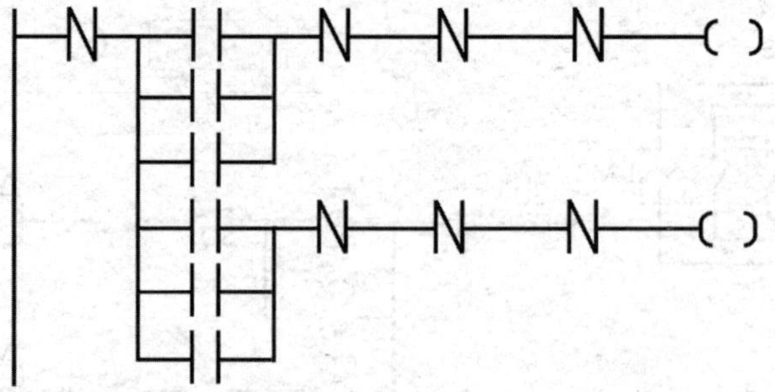

图 8-6 转移编程结果的梯形图(未标注地址)

## 8.4 解析设计法

解析设计法是一种系统化的方法,用于设计和实现 PLC 控制系统。这种方法通常包括以下几个步骤:

①设计前提:传感器的“开”与“关”分别对应布尔量的“1”与“0”,执行器的“行”与“止”分别对应布尔量的“1”与“0”,条件的确立由布尔运算决定;输出由布尔运算的结果决定;

②确立真值表;

③根据真值表确定布尔代数式;

④根据布尔代数式转换为 LAD;

⑤化简。

### 8.4.1 可逆运行电路解析法编程

某一自动水箱因工艺要求需将液面高 $h$ 保持在[$h_{min}h_{max}$],如图 8-7 所示。该水箱采用三相异步电动机驱动齿轮泵,通过控制电机转向,可实现从水源取水或者从水箱排水两种功能。在操作中,由于人工操控的劳动强度大,现拟通过顺序控制电路设计实现自动水位控制。

目标:将液面高 $h$ 保持于 $h_{min}$ 与 $h_{max}$ 之间。

传感元件:浮球开关 SQ1 与 SQ2。已知浮球开关可反馈液面是否到达对应传感器位置。若水位大于等于安装的传感器位置,输出为 1;反之为 0。

执行元件:三相异步电动机,其中 KM1 主触点控制加水,KM2 控制排水。

控制类型:三相异步电动机的正反转控制。

控制器:PLC。

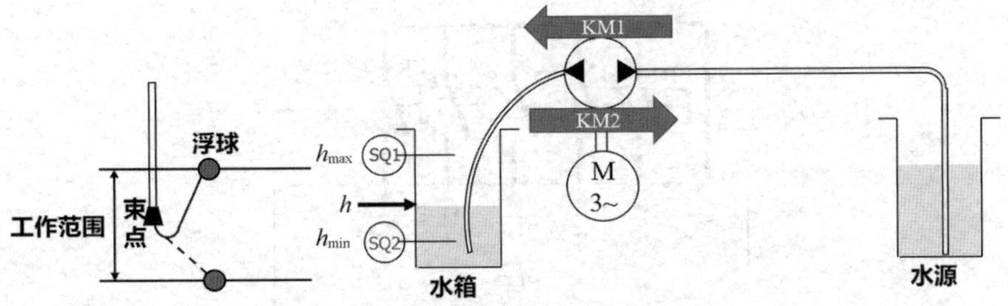


图 8-7　自动给排水装置原理图

根据上述分析，首先确定系统的输入输出，并构建对应真值表。

(1)真值表

已知水箱液面高度存在三种情况，即 $h<h_{min}$ 水位低于下限，$h_{min}<h<h_{max}$ 水位合适，或者 $h>h_{max}$ 水位高于上限。对于这三种情况，对应执行器的动作为：

①$h<h_{min}$ 水位低于下限，加水；

②$h_{min}<h<h_{max}$ 水位合适，在任意状态下，控制器处于自由状态，即加水排水均可；

③$h>h_{max}$ 水位高于上限，排水。

根据上述逻辑关系，可知真值表的输入应为 SQ1 与 SQ2，输出为 KM1 和 KM2。同时，SQ1 = 1，SQ2 = 0 的工况有不合理之处，即根据传感器信号，在这种工况下水位高于最高水位，但低水位处的传感器未被触发，说明传感系统发生错误。因此，为了表征这种错误的工况，增加新的一列 KM3，用于故障指示灯。于是，构建真值表如表 8-4 所示。

表 8-4　真值表

| SQ1 | SQ2 | KM1 | KM2 | KM3 |
|---|---|---|---|---|
| 0 | 0 | 1 | 0 | 0 |
| 0 | 1 | 1 | 0 | 0 |
| 1 | 0 | – | – | 1 |
| 1 | 1 | 0 | 1 | 0 |

(2)逻辑表达式

根据构建的真值表，将每行用变量与的方式，写出结果为 1 的布尔代数式，即：

$$KM1 = \neg SQ1 \cdot \neg SQ2 + \neg SQ1 \cdot SQ2 = \neg SQ1$$

$$KM2 = SQ1 \cdot SQ2$$

$$KM3 = SQ1 \cdot \neg SQ2$$

(3)电路构建

对于依据前期分析中出现的开关和线圈，可以很方便地绘制出对应的外围电路，如图 8-8 所示。接着，根据外围电路图建立 I/O 分配表，如表 8-5 所示。

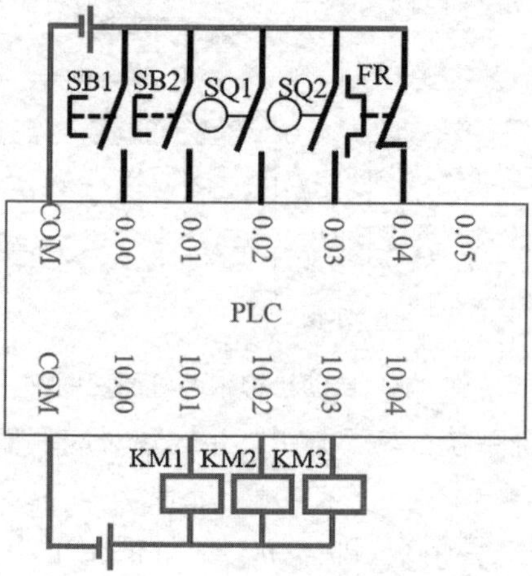


图 8-8　自动给排水装置

表 8-5　I/O 分配表

| | 元件 | 地址 | | 元件 | 地址 |
|---|---|---|---|---|---|
| 输入端口 | SB1 | 0.00 | 输出端口 | KM1 | 10.01 |
| | SB2 | 0.01 | | KM2 | 10.02 |
| | SQ1 | 0.02 | | KM2 | 10.03 |
| | SQ2 | 0.03 | | — | — |
| | FR | 0.04 | | — | — |

(4)梯形图程序

最终,根据逻辑表达式,利用 SOP 形式,可得控制系统的梯形图如图 8-9 所示。

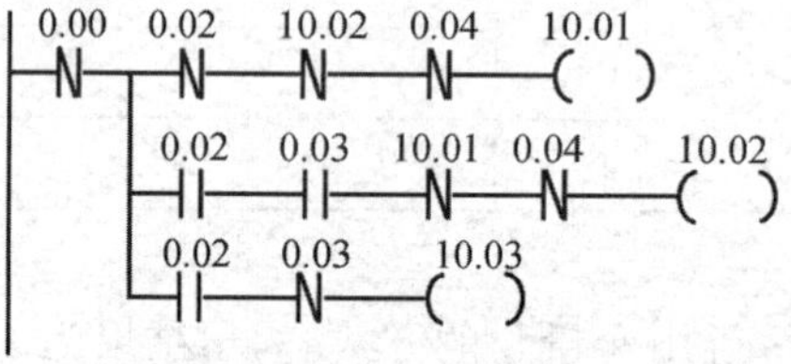


图 8-9　由 SOP 表达式得到控制系统的梯形图

接下来,分析设计得到的顺序控制系统功能。从图中的主电路部分可知,三相 380 V 交流电首先经过断路器方可进入控制电路,实现对于电源的隔离。KM1 和 KM2 为接触器的主触点,分别对应正转与反转的电机绕组接法。在电机前端的绕组处连接热继电器,实现对于绕组电流强度的监测,防止过载。在右侧的控制电路中,PLC 在自检之后,进入程序循环执行模式。当水位低于最低点时,即只要 SQ1 未触发,KM1 线圈得电,电机带动齿轮泵从水源泵水;当水位高于最高点时,即 SQ1 和 SQ2 均触发时,KM2 线圈得电,电机带动齿轮泵从水箱排水。当出现传感异常时,KM3 灯光报警。最终,如果想要停止设备,可以按下开关 SB1 实现停车。

### 8.4.2　物料分流装置解析法编程

对于自动化生产线而言，经常需要对于物料进行分流，如图 8-10 所示。该物料分拣系统包括入口的传送带 0，出口的传送带 1、2 以及气缸驱动的推板。传送带均为三相异步电机驱动，气缸为单作用气缸。操作时需要通过按钮切换出入口传送带对应关系。

目标：通过开关切换出入口传送带。

传感元件：限位开关 SQ1 与 SQ2。已知限位开关可反馈推板是否到达对应传感器位置。到位输出为 1；反之为 0。

执行元件：三相异步电动机，其中 KM0 主触点传送带 0，KM1 主触点传送带 1，KM2 控制传送带 2，KA 主触点控制电磁阀。

控制类型：顺序启停控制。

控制器：PLC。

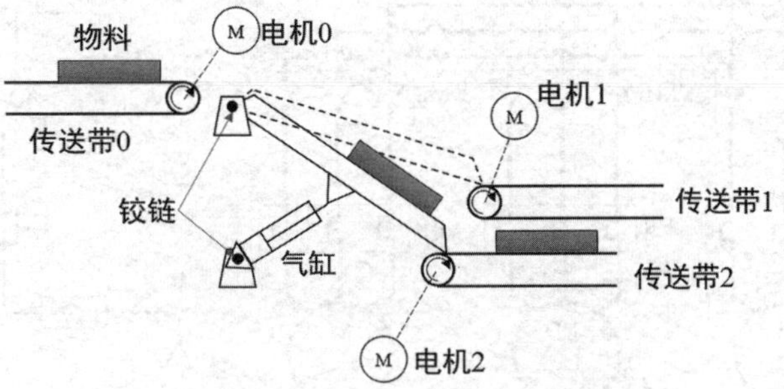


图 8-10　物料分流装置示意图

(1)真值表

经分析，正常工作中存在以下情况，设启动按钮为 SB1：

按钮 SB1 按下，传送带 0 启动：SB1 = 1，KM0 = 1；

按钮 SB1 按下，按钮 SB2 按下，气缸伸出：SB1 = 1，SB2 = 1，KA = 1；

气缸伸出到达限位，SQ1 被触发，传送带 1 开始工作：SB2 = 1，SQ1 = 1，KM1 = 1；

按钮 SB1 按下，按钮 SB3 按下，气缸缩回：SB1 = 1，SB3 = 1，KA = 0；

气缸缩回到达限位，SQ2 被触发，传送带 2 开始工作：SB3 = 1，SQ2 = 1，KM2 = 1。

根据上述描述，可知系统输入为 SB1，SB2，SB3，SQ1 以及 SQ2，输出为 KM0，KM1，KM2 与 KA。然而，对于系统工况进行观察，发现 SB1 与 KM0 只要系统启动后即一直保持运行，也就是可以将其作为系统的前序条件而先不予考虑，于是构建物料分流系统真值表如表 8-6 所示。

表 8-6　物料分流系统真值表

| SQ1 | SQ2 | SB2 | SB3 | KM1 | KM2 | KA |
|---|---|---|---|---|---|---|
| 0 | 0 | 1 | 0 | 0 | 0 | 1 |
| 0 | 1 | 0 | 1 | 0 | 1 | 0 |
| 1 | 0 | 1 | 0 | 1 | 0 | 1 |

（2）逻辑表达式

根据构建的真值表，将每行用变量与的方式，写出结果为 1 的布尔代数式，并进行化简，即可得到控制系统的逻辑表达式：

$$KA = \neg SQ2 \cdot SB2 \cdot \neg SB3$$

$$KM1 = SQ1 \cdot \neg SQ2 \cdot SB2 \cdot \neg SB3$$

$$KM2 = \neg SQ1 \cdot SQ2 \cdot \neg SB2 \cdot SB3$$

（3）电路构建

对于依据前期分析中出现的开关和线圈，可以很方便地绘制出对应的外围电路，如图 8-11 所示。接着，根据外围电路图建立 I/O 分配表，如表 8-7 所示。

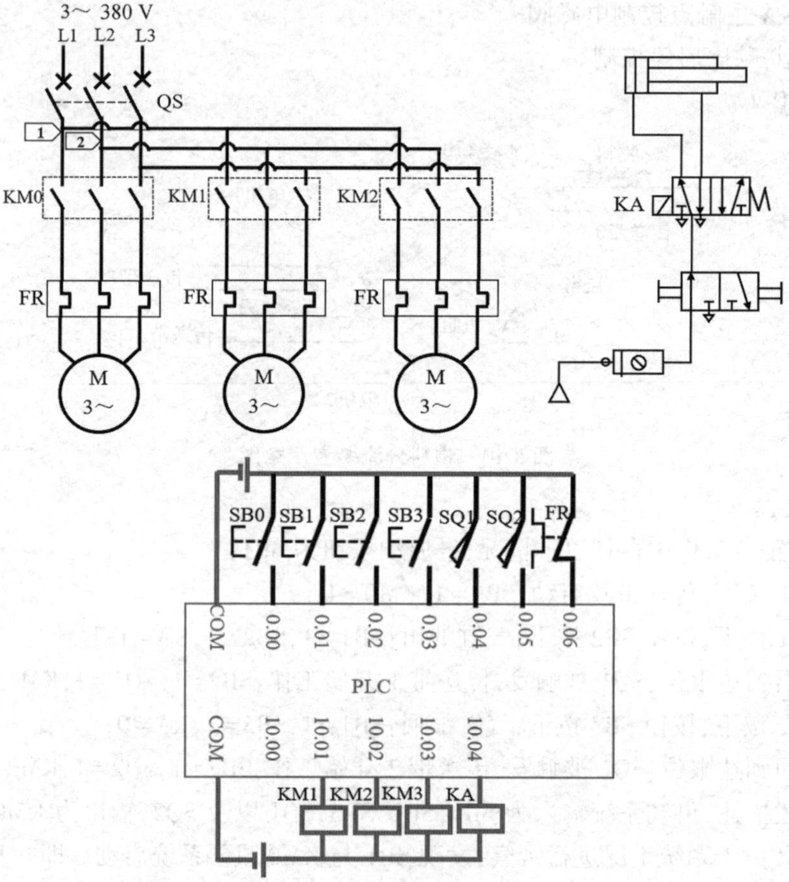


图 8-11　物料分流系统主电路、主气路与外围电路

表 8-7　物流分流装置 I/O 分配表

| | 元件 | 地址 | | 元件 | 地址 |
|---|---|---|---|---|---|
| 输入端口 | SB0 | 0.00 | 输出端口 | KM1 | 10.00 |
| | SB1 | 0.01 | | KM2 | 10.01 |
| | SB2 | 0.02 | | KM3 | 10.02 |
| | SB3 | 0.03 | | KA | 10.03 |
| | SQ1 | 0.04 | | – | – |
| | SQ2 | 0.05 | | – | – |
| | FR | 0.06 | | – | – |

(4)梯形图程序

最终,根据逻辑表达式,利用 SOP 形式,可得控制系统的梯形图如图 8-12 所示。

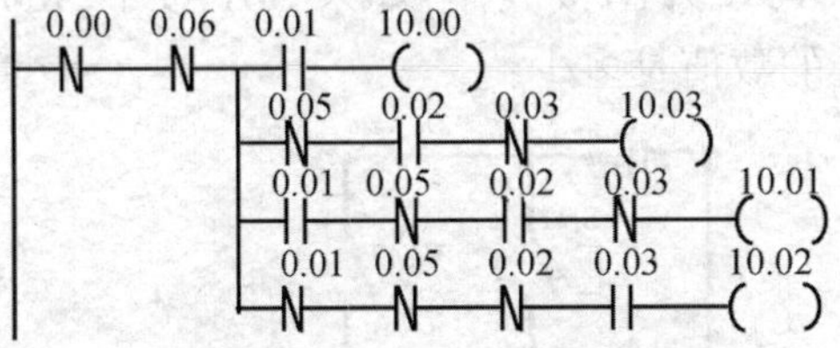


图 8-12　物料分流装置最终控制系统的梯形图

## 8.5　本章小结

PLC(可编程逻辑控制器)程序设计是一种将控制逻辑转化为可执行代码的过程,广泛应用于工业自动化。以下是一些常见的 PLC 程序设计方法和步骤的总结:

(1)需求分析

目标明确:确定控制系统的目标和功能。

输入输出(I/O)定义:明确输入输出(I/O)要求,包括传感器、执行器等。

性能要求:确定系统的响应时间、精度等性能指标。

(2)系统规划

硬件选择:根据需求选择合适的 PLC 型号和 I/O 模块。

网络设计:设计 PLC 与其他设备(如 HMI、传感器、执行器)的通信网络。

安全考虑:考虑系统的安全要求,如紧急停止、过载保护等。

(3)程序设计

编程语言选择:根据控制逻辑的复杂性选择合适的编程语言(如梯形图、功能块图、指令列表、结构化文本)。

逻辑设计:设计控制逻辑,包括顺序控制、并行控制、定时控制等。

模块化：将程序分解为模块或功能块，提高代码的可读性和可维护性。

通过以上步骤，可以系统地设计和实现 PLC 程序，确保控制系统的高效、可靠和易于维护。

## 8.6 章节习题

1.软-硬继电器转换关系是什么？

2.梯形图设计一般原则有哪些？

3.PLC 有哪些特殊指令？功能是什么？

4.转移编程法分几步？如何实现？

5.梯形图中想要实现长动，可以采用哪些方法？

6.对于如图 8-13 所示 PLC 外围接线图，如果 SB1 按下，KM3 线圈未得电，那么 0.01（LSB）至 0.05 各输入地址的数值是多少？

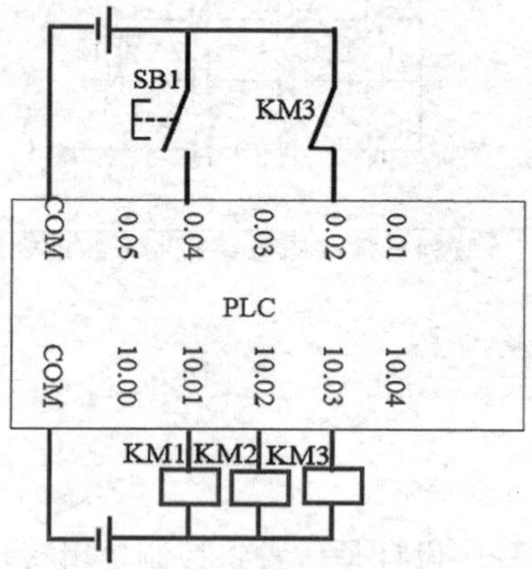


图 8-13　PLC 外围接线图

7.根据如图 8-14 所示的 PLC 外围电路图与梯形图，在 SB1 按下以后 KM1～KM3 线圈的状态是？

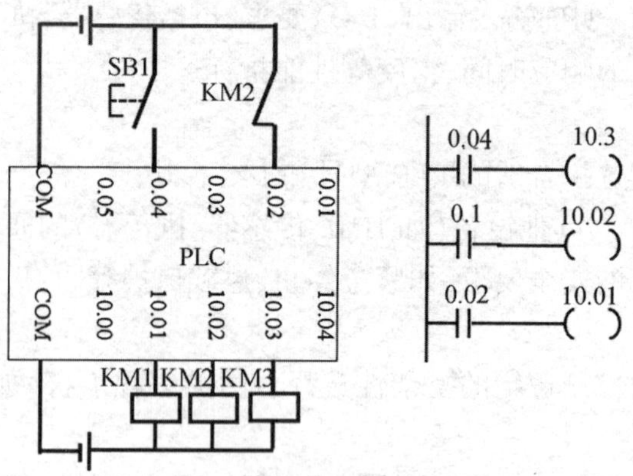


图 8-14　PLC 外围电路图与梯形图

# 参考文献

[1] 胡国文等. 电气与 PLC 智能控制技术 [M]. 北京：机械工业出版社，2023.

[2] 姜培刚. 机电一体化系统设计(第 2 版)[M]. 北京:机械工业出版社，2021.

[3] 龚肖新. 液压与气动技术及应用 [M]. 北京:机械工业出版社，2018.

[4] Charles H. Roth, Jr. Larry L. Kinney 著. 解晓萌，杨清洪,译. 逻辑设计基础(第 7 版)[M]. 北京：清华大学出版社，2016.

[5] 汤普森 (Marc Thompson)著. 马爱文,译. 实用模拟电路设计(第二版)[M]. 北京：电子工业出版社，2016.

[6] 林锦实，张雯雯. 传感器与检测技术(第 2 版)[M]. 北京:机械工业出版社，2021.

[7] 秦曾煌. 电工学(第七版)[M]. 北京：高等教育出版社，2011.

[8] Frank White 著. Fluid Mechanics (7th Edition) [M]. New York：McGraw - Hill, 2010.

[9] Katsuhiko Ogata 著. System Dynamics (4th Edition) [M]. London：Pearson, 2003.